Christine Wilde

Lemminge

60 Farbfotos
10 Zeichnungen

Ulmer

Inhalt

Vorwort

Grünhaarige Männchen, die in einem Computerspiel durch hindernisreiche Welten wuseln, das waren die ersten Lemminge, die ich kennenlernte. Mir begegneten auch lustige Cartoonfiguren, die sich mit Begeisterung von Klippen stürzen und irgendwo in meiner Erinnerung spukt ein alter Naturfilm herum, in dem Lemminge von einer Klippe ins Meer fallen. Graue Steppenlemminge als Haustiere hingegen waren mir, und wohl den meisten Tierfreunden, lange Zeit unbekannt.

Als ich auf einer Messe zum ersten Mal Lemminge sah, konnte ich mich kaum von dem Glasbecken mit den wuseligen Wühlmäusen losreißen. In den folgenden Jahren begegnete ich dem Steppenlemming immer wieder. In Internetforen wurde zunehmend über diese Tiere berichtet, in Fachzeitschriften gab es vermehrt Artikel und es kamen auch immer mehr Anfragen von Tierhaltern. Mittlerweile gibt es sie in fast jedem Zoogeschäft zu kaufen und – ich muss es kaum erwähnen – natürlich ließ ich mich von der Begeisterung für die grauen Pelznasen anstecken. Anfangs redete ich mir noch ein, dass mein Interesse an diesen Tieren rein fachlicher Natur sei, aber spätestens als ich anfing, im Geiste ein passendes Gehege im Arbeitszimmer einzurichten war klar: Diese Tiere ziehen bei mir ein.

Heute könnte ich mir ein Leben ohne Steppenlemminge im Arbeitszimmer kaum mehr vorstellen. Häufig ertappe ich mich dabei, dass mein Blick ins Gehege abschweift und die Arbeit liegen bleibt. Stundenlang könnte ich die kleinen Wusler dabei beobachten, wie sie fleißig Futter zusammen suchen, ihre Umgebung erkunden, sich streiten und wieder vertragen. Belustigt schaue ich mir an, wie sie durch ein Geräusch erschreckt blitzschnell in ihre Fluchttunnel verschwinden, um dann ebenso schnell wieder aufzutauchen, weil ihre Neugier sie zwingt, doch nachzuschauen, was eigentlich los war. Wenn sie dann ihre winzigen Näschen in meine Richtung recken, in der Hoffnung, ein Leckerchen abzustauben, dann muss ich mich schon arg beherrschen, um dieser Bettelei nicht ständig nachzugeben. Anfangs dachte ich noch, dass die Steppenlemminge mir als nachtaktive Tiere wohl nur am späten Abend Gesellschaft leisten würden, aber da irrte ich mich. Zwar sind sie in der Nacht sehr aktiv, aber auch am Tag lassen sie sich oft blicken, sind unterwegs und ihre Fütterungszeiten kennen sie genau.

Diese kleinen Wesen haben mein Herz im Sturm erobert und ich hoffe, dass dieses Buch dazu beitragen wird, dass Tierhalter Lemminge besser kennenlernen und mehr über ihre Bedürfnisse erfahren.

Osnabrück, im Frühling 2008
Christine Wilde

Ein sicheres Versteck und etwas Leckeres in den Vorderpfoten – so lässt es sich leben.

Der graue Steppenlemming

Große schwarze Augen schauen erwartungsvoll nach oben, das kleine Näschen schnuppert interessiert, vorsichtig und vor Aufregung zitternd setzt das graue Tierchen eine Pfote vor die andere und kommt mit dem Bauch dicht über dem Boden langsam näher. Das Stummelschwänzchen steht steil nach oben und die Schnurrhaare zittern, als es sich die Erbsenflocke aus der bewegungslos im Gehege liegenden Hand schnappt. Wieselflink verschwindet das kleine Geschöpf in einem seiner Tunnel, um den soeben erbeuteten Schatz in Sicherheit zu bringen. So sieht wahrscheinlich die erste Begegnung zwischen Ihnen und einem Ihrer neuen Lemminge aus. Bei der nächsten Erbsenflocke wird der Kleine vermutlich schon viel schneller angelaufen kommen, und schon bald weicht die Aufregung dem fordernden Blick des Tieres. Neugierig, verspielt, vorsichtig und flink, diese Attribute beschreiben Steppenlemminge sehr gut.

So leben Lemminge

In ihrer Heimat, die sich über die westliche Mongolei, über Kasachstan bis zur Ukraine und zum nordwestlichen Rand Chinas erstreckt, sind Lemminge in großer Anzahl zu finden. Sie leben dort bevorzugt auf sandigem oder lehmigem Steppenboden. Der größte Teil der von Steppenlemmingen besiedelten Flächen ist vom Menschen nicht kultiviert und wird nur von Nomaden bewohnt, die auf den Grasflächen ihre Schafe weiden lassen.

Die Nager bevorzugen die echte Steppe als Lebensraum. Im Gegensatz zur Feuchtsteppe finden sich hier so gut wie keine Bäume, Gräser und Kräuter sind jedoch in großer Anzahl zu finden. In der trockenen Wüstensteppe sind die Lemminge hingegen eher kaum anzutreffen.

Die Lebensbedingungen in der Steppe sind nicht besonders üppig. Die Winter sind zwar mild, aber lang und dauern zwischen fünf und acht Monate. In dieser Zeit liegt eine

Ein ganzes Nest voller Kolbenhirse, das lässt sich ein Lemming gern gefallen.

Der Lemming, der kein echter Lemming ist

Graue Steppenlemminge gehören nicht zur Gattungsgruppe der „Lemminge“ (Lemmini), sondern zur Gattungsgruppe „Eigentliche Wühlmäuse“ (Microtini) – sie sind also Wühlmäuse. Die fachliche Bezeichnung „grauer Steppenlemming“ oder „Wühlmaus“ ist allerdings wenig liebevoll und so benennen viele Halter sie als „Steppenlemming“ oder „Lemming“, was ich in diesem Buch auch tun werde.

Schneedecke über den Bodenpflanzen und schützt diese vor dem anhaltenden Frost. Lemminge halten **keinen Winterschlaf**, auch im Winter gehen sie unter dieser Schneedecke auf Futtersuche und legen sich dort regelrechte Gangsysteme an. Die Sommer in der Steppe sind kurz, trocken und warm, die mittlere Tagestemperatur im Juli beträgt 19,7 °C. Vor allem lange anhaltende Trockenheit kann den kleinen Tieren im Sommer zu schaffen machen, denn wenn zu wenig Regen fällt, trocknen ihre Futterpflanzen aus und das Nahrungsangebot nimmt ab.

Lemminge haben sich perfekt an das karge Leben in den Steppen angepasst. Im Sommer sammeln sie Vorräte für die kalte Jahreszeit, denn ohne diese zusätzlichen Vorräte könnten sie die langen Winter nicht überstehen, obwohl sie dann auch auf Futtersuche gehen.

Der Lemmingbau

Die meiste Zeit ihres Lebens verbringen die Steppenlemminge in ihren unterirdischen Bauten. Hier sind sie vor der Witterung und vor allem vor Fressfeinden geschützt, für welche die wenig wehrhaften Steppenlemminge eine leichte Beute sind. Die Baue werden von der ganzen Gruppe angelegt und ständig erweitert. Sie werden waagerecht in die Hügel der Steppen hinein gegraben und können **viele Meter lang** sein. Die genaue Struktur der Baue ist noch nicht intensiv erforscht, aber es wird davon ausgegangen, dass es pro Lemminggruppe zusätzlich zur Nistkammer, die relativ zentral liegt und in der die Jungen aufgezogen werden, auch eine Vorratskammer und einen Abort sowie verschiedene Fluchttunnel gibt. Der Bau einer Lemmingfamilie hat meist **zwei bis drei Eingänge**. In der direkten Umgebung ihres Baues legen Lemminge ebenfalls Fluchtgänge und kleinere Kammern nahe ihrer Futtersammelrouten an. Bei großen Populationen finden sich die Baue weiterer Familienmitglieder meist in direkter Nachbarschaft und häufig sind die Gangsysteme miteinander verbunden. Diese Kolonien können aus 50 und mehr erwachsenen Steppenlemmingen und ihrem Nachwuchs bestehen.

So sieht eine unterirdische Lemming-Bauanlage mit Kammern aus.

Stürzen sich Lemminge über Klippen?

Die alte Legende vom suiziden Lemming wird genährt in einem Walt Disney Naturfilm von 1958. Dort gab es Szenen, die wandernde Lemminge zeigen, welche abschließend über eine Klippe springen. Diese Berglemminge sind allerdings nicht selbst gesprungen, sie wurden von der Filmcrew über die Klippen getrieben.

Leben in der Großfamilie

Allein wäre ein Steppenlemming in der Regel nicht überlebensfähig. Die Gemeinschaft mit Artgenossen gibt ihm Sicherheit, zusammen wird **Futter gesucht**, der **Nachwuchs aufgezogen** und eng aneinander **gekuschelt** lassen sich auch die kalten Winter besser ertragen. Über das Sozialverhalten der Lemminge in ihrer natürlichen Umgebung ist leider wenig bekannt. Es wird davon ausgegangen, dass pro Nest ein bis drei Weibchen zusammen mit einem Bock und ihren Jungtieren leben. Das Nest wird mit trockenen Gräsern und anderem Pflanzenmaterial ausgepolstert. Vor allem in der wärmeren Jahreszeit von April bis Oktober bekommen die Weibchen hier ihre Jungen. Bis zu fünf Würfe zieht ein Lemmingweibchen pro Jahr auf. Schon mit vier Wochen ist der Nachwuchs selbstständig und kann seinerseits wieder eine Familie gründen. Die Jungen bleiben meist in direkter Umgebung der elterlichen Baue und finden sich dort mit anderen Jungtieren zu neuen Paaren zusammen.

Oben: In der Gruppe fühlen sich die neugierigen Lemminge sicherer.

Links: Kleine Knopfaugen und kleine Ohren – Lemminge sind gut an ihre unterirdische Lebensweise angepasst.

Kleine Lemming-Biologie

Auf den ersten Blick können graue Steppenlemminge leicht mit Chinesischen oder auch Dshungarischen **Zwerghamstern verwechselt** werden. Allerdings sind sie **schlanker** als Hamster und ihr Körper ist etwas **länger**. Wenn sie mit ihren kurzen Beinchen laufen, sieht es ein wenig aus, als würden sie sich über den Boden schlängeln. Die **Ohren** des Lemmings sind an seine unterirdische Lebensweise angepasst: Sie sind recht klein und liegen eng an den Körper an. Die schwarzen **Knopfaugen** ähneln denen der Hamster, sind aber etwas kleiner. Das **Fell** ist an der Oberseite grau bis graubraun, an der Unterseite ist es weiß und über den Rücken zieht sich von der Stirn bis zum Schwänzchen ein schwarzer Strich, der sogenannte **Aalstrich**. Steppenlemminge werden etwa 9–11 cm lang, dazu kommt ein behaartes Schwänzchen von etwa 1–1,5 mm Länge. Sie wiegen zwischen 20–35 g, in Ausnahmefällen können sie aber auch schwerer sein. Ihre Füßchen haben vorne 4 und hinten 5 Zehen. Der Ballen ist teilweise behaart, dadurch können die Tiere auf glatten Flächen, z.B. Etagen im Gehege, beim schnellen Laufen ein wenig rutschen.

Zoologische Zuordnung

Ordnung: Nagetiere (Rodentia)
Unterordnung: Mäuseverwandte (Myomorpha)
Überfamilie: Mäuseartige (Muroidea)
Familie: Cricetidae
Unterfamilie: Wühlmäuse (Arvicolinae)
Art: Grauer Steppenlemming (*Lagurus lagurus*)

Mit allen Sinnen

Lemminge sind sehr kleine und wenig wehrhafte Tierchen. Damit sie in freier Wildbahn überleben und nicht einem Raubtier zum Opfer fallen, müssen sie Fressfeinde rechtzeitig bemerken und flüchten. Als **nachtaktive Höhlenbewohner** müssen sie sich auch im Dunkeln orientieren können. Darum nehmen Lemminge, wie die meisten Tiere, ihre Umgebung deutlich anders wahr als ein Mensch und haben viele interessante Fähigkeiten entwickelt. Die kleinen Nager verfügen grundsätzlich über die gleichen Sinne wie wir Menschen. Allerdings nehmen sie ein viel weiteres Spektrum an Tönen und Gerüchen wahr und sehen ihre Umgebung anders als wir.

Gehör: Lemminge hören Töne im Ultraschallbereich und es wird vermutet, dass sie sich auch mit für Menschen nicht hörbaren Fieptönen verständigen.

Sehvermögen: Die großen schwarzen Augen der Lemminge sind an ihre dämmerungs- und nachtaktive Lebensweise angepasst. Sie können auch mit wenig Licht Umrisse und Bewegungen wahrnehmen. Dafür ist bei hellem Licht ihre Sicht eingeschränkt. Lemminge haben einen sehr guten Rundumblick und können sogar Feinde, die aus der Luft kommen, schnell sehen. Allerdings können sie nicht dreidimensional sehen und aus diesem Grund Entfernungen und Höhen schlecht abschätzen. Es ist nicht klar, ob und welche Farben sie sehen können.

Geruchssinn: Er ist einer der wichtigsten Sinne für Lemminge, die ihre Umwelt sehr differenziert über Gerüche wahrnehmen. Sie verständigen sich untereinander über gelegte Duftspuren (siehe Seite 70), markieren ihr Revier und ihre Futterpfade mit Düften und orientieren sich auch bei der Partnerwahl und innerhalb ihrer Familie am Geruch.

Tastsinn: Vor allem an der Schnauze und im Kopfbereich verfügen Lemminge über zahlreiche Tasthaare (Vibrissen). Mit diesen festeren und längeren Haaren können sie sich auch in völliger Dunkelheit orientieren. Die Tasthaare enden in sehr empfindlichen Nerven und reagieren auf jede Berührung. So kann ein Lemming z.B. abschätzen, ob er durch eine Öffnung hindurch passt.

Geschmackssinn: Wie fast alle Pflanzenfresser haben Steppenlemminge einen sehr ausgeprägten Geschmackssinn. Sie besitzen im Verhältnis zur Größe viel mehr Geschmacksrezeptoren auf der Zunge als Menschen. Damit können sie in Verbindung mit ihrer empfindlichen

Nase sehr feine Geschmacksunterschiede bei Futtermitteln herausschmecken. Das ist gut zu erkennen, wenn die Nager bei der Futtersuche nur ganz bestimmte Gräser und Heuhalme fressen, andere aber liegen lassen, obwohl wir keinen Unterschied ausmachen können.

So sind Lemminge

In einer Lemminggruppe gibt es eine klare Rangordnung. Viele kleine Rituale dienen dazu, Beziehungen zu pflegen sowie den Rang zu ermitteln und zu festigen. Die Lemminge putzen sich gegenseitig, schlafen zusammen im Nest, laufen zusammen im Rad und gehen mitunter gemeinsam auf Futtersuche. Es kommt auch durchaus zu Rangeleien: Ranghöhere Tiere jagen beispielsweise rangniedere vom Futternapf weg. Hin und wieder rangeln die Tiere, wenn sie sich begegnen oder in der Brunft sind. Diese in der Regel harmlosen Auseinandersetzungen sind meist kurz und werden von Pfeiftönen und leisem Kreischen begleitet.

Körpersprache und Lautsprache

Lemminge kommunizieren viel über Gerüche und andere Signale, die wir nicht wahrnehmen. Es gibt aber verschiedene Verhaltensweisen, die auch Sie als Halter verstehen können:

→ Wenn ein Lemming **eng am Boden steht** und dabei das **Schwänzchen hoch streckt**, ist er vorsichtig oder beunruhigt: Er bewegt sich dann nur langsam vorwärts und versucht die Umgebung zu sichern.

→ **Putzt er sich** ausgiebig, fühlt er sich sicher oder hat sich erschreckt. Besonders, wenn ein Lemming nicht so recht weiter

Auf den Hinterbeinen stehend, beobachtet dieser Lemming neugierig seine Umgebung.

Notration

Lemminge haben eine Besonderheit, die sie mit ihren wühlenden Verwandten, den Hamstern, teilen. Sie haben zwar keine Backentaschen, tragen aber mit dem Mäulchen große Futterbrocken in ihre Behausung, um sie für schlechte Zeiten zu bunkern.

weiß, dient die Fellpflege als Übersprungshandlung und zur Beruhigung der Nerven.

→ Wenn Sie **lautes Fiepen und Kreischen** aus dem Gehege hören, sind zwei Lemminge aneinander geraten und streiten sich. Meist ist so ein Streit harmlos. Trotzdem sollten Sie aufmerksam beobachten, ob der Konflikt zu einem heftigen Streit wird, denn dann müssen Sie die Tiere trennen.

Die Nachbarschaft
(von Georg Leithold)

Graue Steppenlemminge teilen ihren Lebensraum mit anderen, außergewöhnlichen Tieren.

Die Kröte im Hausflur

Wer in der kasachischen Steppe in das Eingangsloch eines Lemmingbaus schaut, den könnten dort statt der schwarzen Knopfaugen eines Lemmings die kalten Amphibienaugen der braun-grüngefleckten Wechselkröte anstarren. Dieser Mitbewohner sucht in den Bauen der Lemminge Schutz vor dem scharfen Wind, der über die Steppe fegt. Da die Tiere aber breiter als die schlanken Lemminge sind, müssen sie den Eingangsbereich mit Ihren Klauen erweitern. Sie dringen dabei aber nur wenige Zentimeter in den Bau vor, drücken sich rückwärts hinein und verschlie-

Durch Beschnuppern des Gesichts nehmen zwei sich begegnende Lemminge ersten Kontakt miteinander auf.

Die Wechselkröte ist ein häufiger Untermieter in den Bauten wild lebender Lemminge.

ßen die Lemminghaustür mit ihrem Hinterteil.

Der Mulllemming von Nebenan

Im Untergrund der Steppe treibt noch ein anderer exotischer Nager sein „Unwesen". Der walzenförmige Mulllemming kreuzt hier und da die unterirdische Wohnstube des etwas kleineren Steppenlemmings. Begegnungen zwischen den grundverschiedenen Erdbewohnern scheinen immer friedlich zu verlaufen und die Steppenlemminge nutzen gerne auch die Gangsysteme der Mulllemminge, um dort nach Nahrung zu suchen. Der mit auffallend langen Schneidezähnen ausgestattete Mulllemming ist jedoch kein echter Lemming, sondern gehört auch zu den Wühlmäusen. Er kommt nur an die Oberfläche, um die beim Anlegen der langen Gangsysteme anfallende Erde aus dem Bau zu schieben.

Steppenadler und andere unangenehme Zeitgenossen

Zieht der gewaltige Steppenadler seine Bahnen über die Graslandschaft, heißt es für die kleinen Lemminge: Aufgepasst! Mit seinem hervorragenden Sehvermögen entgeht ihm nicht die kleinste Bewegung am Boden und durch seine Fähigkeit, bestimmtes UV-Licht zu sehen, kann der Greifvogel sogar die Urinspuren der Lemminge auf ihren Pfaden durch die Steppe erkennen.

Aber nicht nur aus der Höhe droht Gefahr. Am Boden jagen Wölfe die putzigen Wühler, da die Räuber in diesem Lebensraum auf kleine Nager angewiesen sind, um zu überleben.

Lemminge als Heimtiere

Die Entscheidung für kleine Heimtiere wie Steppenlemminge fällt vielen Menschen leicht, da sie annehmen: je kleiner ein Tier ist, umso pflegeleichter ist es auch. Doch obwohl eine Lemminggruppe im Vergleich mit größeren Haustieren wie Hund oder Katze tatsächlich wenig Platz beansprucht und der Zeitaufwand für die Pflege verhältnismäßig gering ist, stellen die kleinen Nager doch recht hohe Ansprüche an ihren Halter.

Mit einer Lemminggruppe zieht immer auch **ein Stück Natur** in die Wohnung ein, das gepflegt und gehegt werden möchte. Aus diesem Grund müssen Sie vor dem Kauf von Lemmingen sehr genau bedenken, ob die kleinen Wuseltiere in Ihr Leben passen und Sie ihren Anforderungen gerecht werden können. Und Sie müssen sich überlegen, ob die Nager die Erwartungen erfüllen, die Sie an Heimtiere stellen.

Aufmerksam und sehr neugierig wartet der Lemming auf ein Leckerchen.

Sind Lemminge die richtigen Heimtiere für mich?

Steppenlemminge sind emsige kleine Gesellen, die viel Zeit damit verbringen, Gänge zu buddeln, Futter zu suchen und sich miteinander zu beschäftigen. In diesem ausgefüllten Lemmingalltag ist wenig Platz für enge Freundschaften mit Menschen. Der Halter ist für sie der **Futterbringer**, der manchmal schon freudig erwartet und dem das Futter aus der Hand genommen wird.
Oft genug aber wird er von seinen Schützlingen kaum beachtet, und manche Lemminge suchen gar keinen persönlichen Kontakt zu ihrem Futterbringer. Die kleinen Nager

Manche Lemminge interessieren sich wenig für ihren Halter.

schmusen normalerweise nicht mit ihrem Halter, lassen sich nur **selten streicheln** und gehen in der Regel nur wenig auf Spiele ein. Sie mögen es auch überhaupt nicht, geweckt zu werden und **reagieren auf Störungen gereizt**. Es sind also keine Kuscheltiere, sondern Lebewesen, die ihr ganz eigenes Leben innerhalb ihres kleinen Reiches führen.

Wenn Sie **Spaß** daran haben, in Ihrer Wohnung eine **aufregende Landschaft für die Nager** aufzubauen, und diese kleinen Wesen dabei zu beobachten, wie sie in dieser Landschaft leben, Futter suchen, kleine Balgereien austragen und aus großen Heubergen innerhalb kurzer Zeit kleingeraspeltes Nistmaterial schreddern, dann sind Lemminge genau die richtigen Heimtiere für Sie.

Klären Sie folgende Punkte vor dem Kauf von Lemmingen ab. Nur, wenn Sie alle Fragen mit „ja" beantworten können, sollten die kleinen Nager bei Ihnen einziehen:

Ist die regelmäßige Versorgung gewährleistet?

Lemminge brauchen täglich frisches Wasser und Futter. Das Gehege muss regelmäßig gereinigt werden (siehe Seite 70). Der tägliche Pflegeaufwand beträgt etwa 20 Minuten und dazu kommt noch etwa eine Stunde Gehegepflege pro Woche, bei der regelmäßigen Grundreinigung eventuell auch mehr. Haben Sie wirklich ausreichend Zeit dafür?

Liegen keine Allergien vor?

Vor dem Kauf der Lemminge sollte jedes Familienmitglied einen Allergietest machen. Getestet wird nicht nur auf die Tierhaare, sondern vor allem auf Staub und Heu. Heu gehört in jeden Lemmingkäfig und es ist ein häufig unterschätzter Allergiefaktor.

Kann ich damit umgehen, dass die Lemminge nicht sehr alt werden?

Lemminge haben eine kurze Lebenserwartung von durchschnittlich 1,5–2,5 Jahren. Das ist für junge Menschen mitunter schon ein langer Zeitraum. Da ist es natürlich wichtig zu klären, ob die Pflege der Tiere über diese Zeitspanne sichergestellt ist. Andererseits ist diese Lebenspanne auch sehr kurz, und es ist belastend, wenn die geliebten Heimtiere so früh sterben.

Kann ich mir Lemminge wirklich leisten?

Die Anschaffung der Lemminge, insbesondere von Gehege und Einrichtung ist kostspielig, hinzu kommen die laufenden Kosten für Einstreu, Heu und Futter. Falls die Tiere einmal krank werden, übersteigen die Kosten für die Tierarztbehandlung die Anschaffungskosten meist erheblich. Sind Sie bereit und in der Lage, diese Kosten zu tragen?

Ist die Versorgung im Urlaub gesichert?

Wenn Sie regelmäßig in den Urlaub fahren oder geschäftlich unterwegs sind, müssen die Lemminge auch während Ihrer Abwesenheit regelmäßig versorgt werden. Nicht immer findet sich ein netter Nachbar oder ein Freund, der bereit ist, Käfigtiere bei sich im Haus zu versorgen oder täglich die Pflege der Tiere in der Wohnung des Halters zu übernehmen. Tierpensionen können eine Alternative sein, doch sollte schon vor der Anschaffung geklärt werden, ob ein entsprechendes Angebot am

Abendunterhaltung

In einem Lemminggehege gibt es oft was zu sehen, mit etwas Glück können Sie die quirligen Gesellen auch tagsüber beobachten. Am späten Abend geht es dann richtig rund im Gehege. Für Berufstätige, Nachtmenschen und diejenigen, die sich gern am späten Abend statt eines Films im Fernsehen lieber eine lustige Lemmingtruppe anschauen, sind die kleinen Wuseltiere die optimalen Hausgenossen.

Wohnort existiert. Lemminge dürfen niemals hungern und müssen wirklich täglich mit Futter und Wasser versorgt werden – da kann schon ein Wochenendausflug zu einem Problem werden, wenn keine Betreuung gefunden wird.

Sind alle Familienmitglieder mit den Lemmingen einverstanden?

Wenn Heimtiere einziehen betrifft das nicht nur den neuen Halter, sondern auch alle im Haushalt lebenden Familienmitglieder. Es muss immer sicher gestellt sein, dass alle bereit sind, sich um die Lemminge zu kümmern, falls der Halter seine Aufgaben einmal nicht wahrnehmen kann.

Lemminge und Kinder

Kleine Nager gelten als optimale Kindertiere und werden gern für Kinder gekauft: Ein kleines Tier als Einstieg in die Heimtierhaltung, durch dessen Betreuung das Kind lernen soll, Verantwortung für ein Tier zu übernehmen. Allerdings bringen gerade die kleinen Heimtiere, insbesondere Lemminge, nicht die richtigen Eigenschaften mit, um für Kinder dauerhaft interessant zu sein.

Passen Lemminge zu Kindern?

Es muss klar gesagt werden: Steppenlemminge sind keine geeigneten Spielgefährten für Kinder. Sie werden nur **selten zahm genug**, dass Kinder sie herausnehmen und mit ihnen spielen können. Sie haben einen sehr empfindlichen und **zarten Körper**, der nur allzu leicht durch zu festes Drücken oder einen Sturz verletzt werden kann. Dazu kommt die **Flinkheit** der kleinen Tiere, was den Umgang mit ihnen besonders für Kinder schwer macht. Die eher dämmerungs- und nachtaktive **Lebensweise** der Lemminge sorgt zudem dafür, dass Kinder diese Hausgenossen in der Regel nur selten zu Gesicht bekommen.

Grundsätzlich gehören Steppenlemminge nicht in ein Kinderzimmer, denn sie sind in erster Linie dann munter, wenn Kinder schlafen sollten. Mit ihren Geräuschen stören sie den Schlaf des Menschen. Selbst, wenn das Kind bei dem Lärm schlafen kann, wird dadurch die **Tiefschlafphase gestört** und dem Kind geschadet. Zudem sind Tierkäfige und deren Umgebung durch die verwendete Einstreu häufig sehr staubig, was zu **Stauballergie** und leichten Lungenproblemen führen kann.

Allerdings können auch Kinder Freude an Lemmingen haben. Gerade älteren Kindern macht es Spaß, bei der Einrichtung des Geheges zu helfen und neue **Einrichtungsgegenstände zu basteln**. Besonders ruhige Kinder finden es spannend, die Lemminge intensiv zu beobachten. Auch das **Sammeln von Grünfutter** auf der Wiese ist lehrreich und für Kinder interessant, und so manches Kind verbringt gern am Abend eine halbe Stunde vor dem Schlafengehen damit, die Lemminge zu füttern und ihnen bei der Futtersuche zu zuschauen.

Ab welchem Alter?

Kleine Kinder **bis acht Jahren** sollten die Lemminge nur anschauen dürfen. Kontakt zu den Tieren sollten sie nur haben, wenn ein Elternteil dabei ist. Dann dürfen auch kleine Kinder gern einmal ein Futterstückchen in das Gehege halten und es sich von den eifrigen Nagern aus der Hand nehmen lassen. Das Gehege der Lemminge muss allerdings in Abwesenheit Erwachsener so gesichert werden, dass kleine Kinder nicht hineingreifen können. Natürlicherweise hat so ein kleines Kind den Wunsch, mit den Lemmingen zu spielen. Doch ihm fehlt einfach die nötige Feinmotorik, um die kleinen Tiere nicht zu verletzen.

Kinder **ab acht Jahren** können schon bei der täglichen Versorgung der Lemminge, wie füttern und Gehege ausmisten, helfen. Je nach

Vorbild sein

Wenn Ihre Kinder sich Lemminge als Heimtiere wünschen, sollten Sie diesen Wunsch nur erfüllen, wenn Sie selbst Freude an diesen kleinen Hausgenossen haben und die Verantwortung für die Tiere übernehmen. Denn Ihre Kinder werden sich Sie und Ihren Umgang mit den Lemmingen zum Vorbild nehmen. Rechnen Sie immer damit, dass Sie die Betreuung der Tiere übernehmen müssen.

Auch junge Lemminge brauchen viel Aufmerksamkeit und Pflege.

Entwicklung und Charakter können Kinder **ab etwa zwölf Jahren** die Versorgung der Steppenlemminge eigenständig übernehmen, aber selbstverständlich ist es die Aufgabe der Eltern, diese anzuleiten, zu überwachen und zu verantworten. Eltern sollten nicht zu viel von ihren Kindern erwarten. Die Versorgung eines Lebewesens ist für Kinder nicht leicht und selbst Erwachsene tun sich mitunter damit schwer. Wenn das Kind die Versorgung der Lemminge vergisst, müssen sich selbstverständlich die Eltern um die Tiere kümmern!

Lemminge und andere Tiere

Sind schon andere Heimtiere vorhanden, sollten Sie vor dem Kauf von Lemmingen genau prüfen, ob sie gleichzeitig mit den anderen Tierarten gehalten werden können. Manche Tiere stören sich nicht an den kleinen Nagern und diese sich nicht an den anderen Tieren. Manchmal passt es auch gar nicht und die Tiere müssen strikt getrennt gehalten werden.

Andere Nager und Kleinsäuger

Lemminge können nicht mit anderen Nagern zusammen in einem Gehege gehalten werden. Auch wenn es den Anschein hat, dass Lemminge und manche Zwerghamsterarten wegen ihrer Ähnlichkeit in einer Wohngemeinschaft leben können, würde dies fatale Folgen haben: Die unterschiedlichen Nager **jagen und beißen** sich, wenn sie sich begegnen. Bei ausreichendem Platzangebot können Sie andere Nagerarten im selben Raum wie die Lemminge unterbringen. Allerdings dürfen die Tiere niemals zusammen in den Auslauf! Auch wenn es den Anschein hat, als würden sie sich verstehen, kann es schnell zu tödlichen Auseinandersetzungen kommen. Auch eine Vergesellschaftung oder ein gemeinsamer Aufenthalt im Freilaufgehege mit Meerschweinchen, Kaninchen etc. ist nicht möglich.

Hunde und Katzen

Lemminge passen genau in das **Beuteschema** von **Katzen**. Deshalb sollten Katzen auf keinen Fall allein Zugang zu dem Zimmer haben, in dem die Lemminge untergebracht sind. Die Samtpfoten sind sehr geschickt und schaffen es mit genügend Zeit zum Probieren durchaus, den Deckel des Glasbeckens abzuheben oder ein Terrarium aufzuschieben.

Auch das **Jagdverhalten** von **Hunden** kann durch die wuseligen Nager angeregt werden, deshalb sollten sie sich nie ohne Aufsicht im Lemming-Zimmer aufhalten dürfen. Verbellt der Hund die Lemminge, muss dieser Raum tabu für den Hund sein. Grundsätzlich versetzt die Gegenwart dieser Beutegreifer Lemminge natürlich in Aufregung und kann sie massiv erschrecken.

Reptilien

Die meisten größeren Schlangen haben Lemminge zum Fressen gern. Es versteht sich von selbst, dass die Nager nicht im selben Raum wie ihre ärgsten Feinde gehalten werden sollten. Sie haben Stress, wenn neben ihnen ihr **natürlicher Feind** auf sie lauert. Mit ihren empfindlichen Sinnen spüren sie die Gegenwart der Jäger, auch wenn die Gehege nicht unmittelbar nebeneinander stehen.

Selbst wenn die Lemminge als Futtertiere aufgezogen werden, dürfen sie deshalb nicht im selben Raum mit Reptilien untergebracht werden.

Vögel

Da Vögel und Lemminge unterschiedliche Aktivitäts- und Ruhephasen haben, ist es für alle besser, wenn sie in getrennten Räumen gehalten werden. Der Gesang oder lautes Gekreische der Vögel am Tag **stört die Ruhe** der Nager. Die Geräusche, wenn die Lemminge in der Dunkelheit unterwegs sind, können für **Unruhe im Vogelheim** sorgen, die Vögel in Panik auffliegen und sich verletzen. Beim Aufenthalt der Lemminge im Freilaufgehege sollten Sie darauf achten, dass sie keinen direkten Kontakt zu größeren oder wehrhaften Vögeln haben, wie Unzertrennlichen, Nymphensittichen oder größeren Papageien.

Rechtliche Grundlagen

Vor der Anschaffung kleiner Heimtiere sollte sich auch jeder Halter mit den entsprechenden rechtlichen Grundlagen zur Kleintierhaltung befassen. Selbstverständlich gilt das **Tierschutzgesetz** auch für Haltung kleiner Heimtiere. Besonders Paragraph 2 ist relevant (siehe Kasten oben). Wenn Sie alle in diesem Buch gegebenen Hinweise zur Haltung beachten, erfüllen Sie auch die Anforderungen des Tierschutzgesetzes.

TierSchG § 2, Zitat

Wer ein Tier hält, betreut oder zu betreuen hat,
1. muss das Tier seiner Art und seinen Bedürfnissen entsprechend angemessen ernähren, pflegen und verhaltensgerecht unterbringen,
2. darf die Möglichkeit des Tieres zu artgemäßer Bewegung nicht so einschränken, dass ihm Schmerzen oder vermeidbare Leiden oder Schäden zugefügt werden,
3. muss über die für eine angemessene Ernährung, Pflege und verhaltensgerechte Unterbringung des Tieres erforderlichen Kenntnisse und Fähigkeiten verfügen.

Mietrecht

Insofern im **Mietvertrag** keine speziellen Absprachen getroffen wurden, dürfen Lemminge und andere kleine Heimtiere in jeder Mietwohnungen gehalten werden. Ein generelles Verbot der Tierhaltung in einer Mietwohnung ist unwirksam (BGH WM 93 S. 109). Auch die Klausel im Vertrag, die „jede Tierhaltung, insbesondere von Hunden und Katzen, mit Ausnahme von Ziervögeln und Zierfischen" von der Zustimmung des Vermieters abhängig macht, benachteiligt den Mieter unangemessen, weil sie ihrem Wortlaut nach auch die Haltung unproblematischer Kleintiere untersagt (BGH VIII ZR 340/06).

Die Heimtierhaltung gehört heute zur allgemeinen Lebensführung und zum vertraglichen Gebrauch der Mietwohnung, so lange durch die Tierhaltung keine Belästigungen eintreten (AG Offenbach, 34 C 705/85, AG Schöneberg, 8 C 11/91, AG Friedberg, C 66/93 und AG Heidelberg, 20 C 72/92).

Allerdings: Diese Regelungen gelten nur für die **private Haltung** weniger Tiere. Wenn geplant ist, Lemminge in großem Maßstab zu halten oder zu **züchten**, wäre es ratsam, sich vorab mit dem Vermieter zu besprechen und die schriftliche Erlaubnis einzuholen.

Es versteht sich von selbst, dass durch die Haltung der Lemminge andere Mietparteien nicht belästigt werden dürfen, deshalb ist beispielsweise stark riechende, gebrauchte Einstreu sorgfältig in Plastiktüten zu verpacken, bevor sie in Mülleimer entsorgt wird.

Kaufvertrag

Um Lemminge zu erwerben, ist in Deutschland ein schriftlicher Kaufvertrag nicht nötig, ein mündlicher Kaufvertrag ist rechtsgültig. Nach EU-Recht ist nur ein schriftlicher Kaufvertrag rechtsverbindlich. Durch einen schriftlichen Kaufvertrag schützen sich Käufer und Verkäufer, besonders wenn es um die Geltendmachung von Mängeln (z.B. kranken Tieren) gemäß Gewährleistungsrecht geht.

Wichtig: Kinder und Jugendliche bis zum vollendeten 16. Lebensjahr dürfen ohne Einwilligung der Erziehungsberechtigten keine Wirbeltiere erwerben. Der Verkäufer muss Lemminge, deren Kauf nicht von den Erziehungsberechtigten genehmigt wurde, bedingungslos zurücknehmen und den Kaufpreis voll erstatten.

Ein Lemming ist kein Lemming!

Lemminge leben in der Natur üblicherweise in großen Gruppen, selten gibt es Einzelgänger. Auch als Heimtiere sollten sie nicht einzeln gehalten werden. Die Nager brauchen mindestens einen Artgenossen zum Spielen, Rangeln, gegenseitigen Putzen, Kuscheln, gemeinsamen Schlafen und natürlich vor allem, um sich sicher zu fühlen. In Ausnahmefällen können sehr alte oder extrem unverträgliche Lemminge auch allein gehalten werden.

Kein Lemming ist gern allein, mindestens ein Artgenosse sollte ihm Gesellschaft leisten.

Charakterunterschiede bei Männchen und Weibchen

Lemmingweibchen sind **verträglicher** als Lemmingböcke. Sie streiten zwar auch hin und wieder um Futterbrocken, um die Rangordnung und darum, wer gerade in das Laufrad darf, aber die Streitereien zwischen Lemmingweibchen sind meist relativ harmlos und schnell vergessen. Lemmingböcke hingegen neigen leider dazu, bei Unstimmigkeiten und Rangproblemen **heftige Kämpfe** auszutragen. Im Verhalten dem Menschen gegenüber sind keine Unterschiede festzustellen.

Geschlechtsbestimmung: Ausgewachsene Lemminge zeigen sehr deutliche Geschlechtsmerkmale. Bei Männchen sind deutlich hervorstehende Hoden unterhalb des Schwänzchens zu sehen, bei Weibchen sind Zitzen zu erkennen. Bei jungen Lemmingen ist die Geschlechtsbestimmung hingegen nicht einfach. Bei weiblichen Tieren

Zu zweit machen die Entdeckungsreisen im Gehege viel mehr Spaß.

Links: männlicher Lemming; rechts: weiblicher Lemming.

ist der Abstand zwischen der Geschlechtsöffnung und dem After kleiner als bei den Böcken und der Po ist etwas spitzer zulaufend, bei den Männchen ist er flacher. Um ganz sicher zu gehen, ist es sinnvoll, gerade Jungtiere zusammen in einen kleinen durchsichtigen Behälter, z. B. eine Faunabox, zu geben. Von unten werden nun in Ruhe die einzelnen Tiere miteinander verglichen. Im direkten Vergleich sind die Geschlechtsmerkmale und die genannten Unterschiede leichter zu erkennen.

Wichtig: Geschlechtsreife Tiere anschließend sofort wieder nach Geschlechtern trennen!

Größe und Zusammenstellung der Gruppe

- Für Anfänger ist es ratsamer mit nur **zwei Weibchen** zu beginnen, denn bei größeren Gruppen kann es auch nach längerer Zeit zu Rangeleien und damit zum Bruch der Gruppe kommen.
- Es wurden teilweise gute Erfahrungen mit der Haltung von **vier bis sechs weiblichen Lemmingen** gemacht, wobei eine gerade Anzahl von Lemmingen meist friedlicher bleibt.
- **Männchen** sollten grundsätzlich **nur zu zweit** gehalten werden. Bei der Haltung von männlichen Lemmingen benötigen Sie mehr Erfahrung, Zeit und Einfühlungsvermögen. Bei männlichen Tieren kommt es noch häufiger als bei großen Weibchengruppen auch nach längerer Zeit zu massiven Rangkämpfen und damit zur Aufspaltung der Gruppe.
- **Geschwistertiere** aus einem Wurf sind am verträglichsten, wenn sie

Anfänger sollten sich erst einmal nur für zwei Lemminge entscheiden.

nach der Geburt nicht getrennt wurden.

- **Jungtiere** um die zehn bis zwölf Wochen können relativ einfach vergesellschaftet werden, bei Fremdtieren steigt aber leider die Gefahr, dass sie sich später nicht mehr vertragen.
- Die Haltung eines **Lemmingpaares** oder einer gemischtgeschlechtlichen Gruppe ist nicht ratsam, da sich Lemminge rasant vermehren (siehe Seite 84).

Wie alt sollen die Lemminge sein?

Junge Lemminge sollten frühestens mit fünf Wochen, idealerweise erst mit **acht bis zehn Wochen** in ein neues Zuhause ziehen. Je länger die Kleinen bei ihren Eltern und anderen erwachsenen Lemmingen wohnen können, umso günstiger ist es für ihr späteres Sozialverhalten. In den ersten Wochen ihres Lebens lernen Lemminge, wie sie sich gegenüber Artgenossen verhalten müssen. Werden die Tiere zu früh von ihren Eltern getrennt, sind sie meist nicht sozial gefestigt und können im späteren Leben unverträglich gegenüber neuen Artgenossen und sogar gegenüber den eigenen Geschwistern werden.

Neue Lemminge

Nachdem alle grundlegenden Fragen geklärt sind und Sie sich bewusst für Lemminge als Heimtiere entschieden haben, stellt sich natürlich die Frage, wo die neuen Hausgenossen zu bekommen sind.

Zoofachgeschäfte

Viele Zoofachgeschäfte bieten mittlerweile graue Steppenlemminge an. Kaufen Sie Ihre Tiere aber nur in einem guten Zoofachgeschäft. Die Tiere müssen **nach Geschlechtern getrennt** untergebracht sein, **gesund aussehen** und ein **großes, sauberes Gehege** mit Versteckmöglichkeiten haben. Wichtig: Sie sollten beim Kauf ausführlich beraten werden.

Ältere Tiere vertragen sich häufig gut mit jungen Lemmingen.

Züchter

Über das Internet oder Zeitungsanzeigen finden Sie auch Züchter von Lemmingen, die ihre Tiere abgeben. Suchen Sie sich den Züchter gut aus: Berät er Sie ausführlich? Hat er nur **wenige Zuchttiere**, die in intakten Gruppen leben? Haben die Tiere **große Gehege**? Sind sie **gut genährt** und **sauber**? Bleiben die Jungtiere lange genug bei den Eltern, um bei Abgabe **gut sozialisiert** zu sein? Findet eine nochmalige **Geschlechtskontrolle** vor der Abgabe statt? Werden gemischtgeschlechtliche Gruppen nicht ohne **Warnhinweis** auf die Vermehrungsfreude sowie ausführliche Beratung und Hilfestellung bezüglich des Jungenabsatzes abgegeben?

Tierheime und Notstationen

Fragen Sie in den umliegenden Tierheim nach Lemmingen. Zwar sind Lemminge erst seit Kurzem als Heimtiere auf dem Vormarsch, aber genau deshalb werden bei der Geschlechtsbestimmung häufig Fehler gemacht, und so findet sich durchaus schon **ungewollter Nachwuchs** bei Tierschutzorganisationen. Neben ungewollten Jungtieren finden sich hier auch **ältere Tiere**, die aus verschiedenen Gründen abgegeben wurden. Nur selten sind diese Tiere krank oder haben Verhaltensprobleme.

Auswahl der Lemminge

Vor dem Einzug der neuen Mitbewohner sollte das neue **Gehege** schon fertig eingerichtet bereit stehen und passende **Futtermittel** in ausreichender Menge vorhanden sein. Fragen Sie vorab beim Händler oder im Tierheim nach, welches Futter die Lemminge gewohnt sind und besorgen Sie sich das passende Futter. Stellen Sie die Tiere dann langsam auf die neue Futtermischung um, indem Sie das neue Futter mit dem alten Futter mischen – so beugen Sie Futterverweigerung und Darmproblemen bei den Lemmingen vor.

> **Secondhand-Lemming**
>
> Ältere Tiere eignen sich besonders gut für Anfänger, die noch nicht ganz sicher sind, ob Lemminge die richtigen Heimiere für sie sind. Mit einem älteren Lemmingpaar übernimmt der Halter die Verantwortung für die Tiere nur für kurze Zeit und hat so die Möglichkeit, Steppenlemminge erst einmal kennenzulernen.

Richtig wählen

Nun ist es soweit, Sie lernen Ihre neuen Mitbewohner kennen. Nehmen Sie sich auch für den Kauf viel

> **Wann kaufen?**
>
> Da Steppenlemminge meist erst gegen Abend aktiv werden, ist es ratsam, die Tiere in den Nachmittags- und Abendstunden auszuwählen. Ihr Einzug ist sehr aufregend und gerade zu Anfang möchten Sie sicher viel Zeit mit den neuen Hausgenossen verbringen. Aus diesem Grund ist es sinnvoll, die Tiere vor dem Wochenende, vor einem Feiertag oder im Urlaub zu holen, um sie in Ruhe kennenzulernen.

Wählen Sie nur ganz gesunde Lemminge mit glänzenden Augen und gutem Appetit aus.

Zeit und schauen Sie sich die in die engere Wahl genommenen Lemminge gut an.

Nehmen Sie nur **gesunde Lemminge** mit nach Hause, auch wenn Sie vielleicht bei einem Händler Mitleid mit Tieren haben, denen es dort nicht gut geht: Für jeden Lemming, den sie aus schlechter Haltung oder von einem Massenvermehrer bei sich aufnehmen, folgt ein Tier nach, dem es nicht besser ergehen wird!

Beobachten Sie die Lemminge vor dem Kauf ausgiebig. Achten Sie darauf, dass die Tiere **lebhaft** sind, Augen, Nase und Afterregion nicht verklebt sind und die Nager **sauber gehalten** werden. Entdecken Sie kranke Tiere, sollten Sie dort auf keinen Fall kaufen!

Transport nach Hause

Im Zoofachgeschäft werden die Lemminge meist in eine Pappschachtel verpackt. Allerdings sind Lemminge echte Nagetiere und nagen sich schnell durch diese Schachtel durch.

Vielseitige Box

Die Transportbox wird auch nach dem Kauf häufig benötigt. Vor allem ist sie nützlich, wenn das Gehege der Lemminge gereinigt wird, da die Tiere währenddessen dort untergebracht werden können. Wenn Lemminge erkranken, ist die Box für den Transport zum Tierarzt wichtig.

Eine **Transportbox** aus Kunststoff bietet mehr Sicherheit für die Tiere und für den Halter. Für zwei bis vier Lemminge sollte diese mindestens 20 x 15 cm groß sein. Sinnvoller sind allerdings größere **Faunaboxen**, diese bieten den Lemmingen etwas mehr Komfort und können später bei Bedarf auch zum Separieren kranker Tiere verwendet werden.

Richten Sie die Box mit **Einstreu**, **Futter** und etwas **Nistmaterial** ein. Lassen Sie sich auch etwas benutzte Einstreu aus dem früheren Zuhause der Lemminge für die Box und das neue Zuhause mitgeben, dann riecht die Umgebung schon bekannt und wirkt für die Neuankömmlinge weniger fremd. Eine **Pappröhre**, z.B. von einer Küchenpapierrolle oder ein kleines Häuschen, bietet den Lemmingen in der Transportbox zusätzliche Sicherheit und Schutz. Fahren Sie dann auf direktem Weg nach Hause.

Im neuen Heim

Setzen Sie die Lemminge direkt nach der Ankunft in ihr fertig eingerichtetes Gehege und gönnen Sie den Tieren in den ersten Tagen völlige Ruhe. Sie können die Neuankömmlinge beobachten, aber außer während der täglichen Fütterung und Gabe von Wasser sollten Sie nicht in das Gehege greifen. Die erste Reinigung findet frühestens nach einer Woche statt.

Erstes Beschnuppern

Wenn sich die Lemminge eingelebt haben, können Sie sich mehr mit ihnen beschäftigen. Reden Sie **leise und beruhigend** auf die Tiere ein. Manche Lemminge fallen in der ersten Zeit im neuen Zuhause noch in Schreckstarre oder laufen sofort weg, wenn Sie eine Bewegung oder Stimmen außerhalb ihres Geheges wahrnehmen. Aber mit der Zeit wer-

Schon nach kurzer Zeit fressen die meisten Lemminge Leckerbissen aus der Hand des Menschen.

den die Lemminge sich an Ihre Nähe gewöhnen und mit ihren gewohnten Aktivitäten fortfahren. Wenn sie in Ihrer Anwesenheit oder bei Ansprache nicht mehr erschrecken, können Sie versuchen, sie mit etwas Frischfutter oder einer Nuss zu **locken**. Häufig werden die neugierigen Lemminge schon nach kurzer Zeit die Hand mit dem Leckerchen erkunden. Allerdings kann es auch eine ganze Weile dauern, bis sie ihre Scheu verlieren – schon so manchem Lemminghalter ist der Arm im Gehege eingeschlafen. Sie sollten also wirklich viel Geduld und Zeit mitbringen, wenn Sie Ihre Lemminge handzahm bekommen möchten.

Umgangsregeln

Folgende Punkte sollten Sie beim Umgang mit Ihren kleinen Untermietern beachten:

- **Wecken** Sie die Lemminge niemals um mit ihnen zu spielen.
- **Klopfen** Sie nicht an die Scheiben des Geheges, um die Aufmerksamkeit der Tiere zu erlangen, die Lemminge könnten sich dabei buchstäblich zu Tode erschrecken.
- **Greifen** Sie nicht unvermittelt und von oben nach den Tieren. Das erschreckt die Lemminge sehr, da auch ihre natürlichen Feinde, die Greifvögel, so zupacken.
- Benutzen Sie immer die **gleiche Seife**, wenn Sie die Lemminge anfassen, damit Sie für die Tiere bekannt riechen.
- Besonders, wenn Sie vorher andere Tiere angefasst haben, sollten Sie sich die **Hände waschen**, bevor Sie sich mit Ihren Lemmingen beschäftigen.
- Auf keinen Fall sollten Sie einen Lemming mit parfümierten Händen hochnehmen. Er würde den **Parfümgeruch** annehmen, was anschließend dazu führen kann, dass seine Artgenossen ihn nicht mehr erkennen!

Lemminge richtig hochheben

Wenn die noch nicht handzahmen Lemminge z.B. wegen der Reinigungsarbeiten aus dem Gehege genommen werden sollen, verwenden Sie dafür am besten eine **Dose** oder einen **Becher**. Versuchen Sie die Tiere mit Futter in die Dose zu locken oder schubsen Sie die Lemminge vorsichtig hinein. Halten Sie das Behältnis gut zu, Lemminge sind sehr flinke Gesellen und schneller aus der Dose gesprungen, als Sie zugreifen können.

Sehr zahme Lemminge können Sie auch mit der Hand aus dem Gehege nehmen. Idealerweise umfassen Sie das Tier komplett **mit beiden Händen**. Beißt der Lemming dabei vor Schreck zu, dürfen Sie das Tier aber auf keinen Fall fallen lassen oder im **Reflex** wegschleudern: Beißen Sie die Zähne zusammen und setzen Sie ihn ruhig ab.

Ein neuer Freund

Lemminge leben in festen Gruppen mit klaren **Rangstrukturen**. Fremde Artgenossen werden normalerweise nicht in die Gruppe aufgenommen und deshalb ist es nicht ganz leicht, fremde Steppenlemminge zusammenzubringen. Ist ein Partner verstorben, sollte der verbliebene Lemming trotzdem nicht allein bleiben. Es ist allerdings nicht möglich, ein neues Tier einfach so ins Gehege zu setzen, denn das führt normalerweise zu schweren Rangkämpfen und im schlimmsten Fall zum Tod eines Tieres. Die Lemminge müssen die Möglichkeit bekommen, sich langsam **kennenzulernen**, sich dabei aus dem Weg zu gehen, und sie müssen auch ein klein wenig überlistet werden, damit sie sich letztlich vertragen. Das wirkt auf uns Menschen sicher ein wenig abschreckend und wir fragen uns, ob die Lemminge denn überhaupt einen Partner wollen, wenn sie diesen doch erstmal ablehnen. Aber vergessen Sie nicht: Auch Sie würden einen fremden Menschen nicht in Ihrer Wohnung dulden, wenn Sie keine Gelegenheit hatten, ihn vorher in Ruhe kennenzulernen.

Partnerwahl

Grundsätzlich ist es nicht sinnvoll, Gruppen miteinander zu vergesellschaften oder in eine bestehende, größere Gruppe neue Mitglieder einzubringen, denn diese Großgruppen brechen leider schnell auseinander. Eine Vergesellschaftung ist nur dann sinnvoll, wenn ein **Einzeltier** einen neuen Partner bekommen soll.

Es ist relativ einfach, zwei **Jungtiere** bis zu einem Lebensalter von etwa zehn Wochen zusammenzubringen. Diese haben noch keinen individuellen Geruch und stehen in der Rangordnung ganz unten. Auch ein erwachsenes Tier sollte mit einem Jungtier von etwa acht bis zwölf Wochen vergesellschaftet werden. Das Jungtier wird sich dann dem älteren Artgenossen schnell unter-

Mit einem Becher können Sie Ihre Lemminge gefahrlos hochheben.

Ein fremder Lemming wird neugierig beschnuppert.

Sicher transportiert

Möchten Sie die Lemminge in ein anderes Zimmer oder über weitere Strecken transportieren, sollten Sie dafür die Transportbox verwenden. Das ist für Sie und die Lemminge weniger anstrengend und sicherer als ein Transport in der Hand.

ordnen. Zwei **erwachsene Lemminge** aneinander zu gewöhnen ist sehr aufwändig. Grundsätzlich werden für die Heimtierhaltung immer nur gleichgeschlechtliche Lemminge vergesellschaftet.

Je nach Alter und Charakter der Tiere gibt es verschiedene Arten, die Lemminge aneinander zu gewöhnen. Meist sind Kombinationen der hier vorgestellten Vergesellschaftungsweisen notwendig.

Vergesellschaftung in der Panikbox

Die Panikbox oder auch Kleinraummethode ist eine schnelle, allerdings auch nicht ganz ungefährliche Vergesellschaftungsvariante. Auch wenn diese Methode als schnell gilt, ist sie trotzdem zeitaufwändig, denn Sie müssen das Geschehen in der Box **durchgehend beobachten**: Die ersten Stunden ständig, danach regelmäßig alle zwei bis drei Stunden nachschauen, möglichst auch nachts. Die Panikbox eignet sich gut, um Tiere im Alter unter zehn Wochen miteinander zu vergesellschaften. Diese Methode ist auch Teil der länger dauernden Vergesellschaftung von erwachsenen Tieren mit Trenngitter. Bei Lemmingen, die sich viel streiten, kann es ebenfalls helfen, sie für einige Stunden in die Box zu setzen.

Als Panikbox wird eine **Transportbox** verwendet. Diese sollte die Maße 10 x 20 cm nicht überschreiten. Streuen Sie die Box mit frischer Einstreu ein oder verwenden Sie gebrauchte Streu von beiden Tieren. Verteilen Sie verschiedene Futtersorten in der Box. Um den Tieren Flüssigkeit zuzuführen, legen Sie dünne Gurkenscheiben hinein und tauschen Sie diese regelmäßig nach einigen Stunden aus.

Vor der Panikbox sollte immer ein **kurzes Kennenlernen** der Tiere von etwa zehn Minuten Dauer stattfinden. Setzen Sie die Tiere dazu in die Badewanne oder ein leeres Gehege. Sind die Lemminge dort extrem aggressiv und gehen sie wild aufeinander los, sollten Sie auf einen Vergesellschaftungsversuch verzichten, denn diese Tiere werden wohl

Die Enge der Box macht aus fremden Lemmingen Freunde.

nicht zusammenfinden. Sind die Lemminge relativ friedlich und eher an ihrer ungewohnten Umgebung als am künftigen Partner interessiert, können Sie die Tiere in die Panikbox setzen.

Setzen Sie die zu vergesellschaftenden Lemminge möglichst **gleichzeitig** in die Transportbox und schließen Sie den Deckel. Achten Sie aber auf Luftlöcher und darauf, dass Sie das Geschehen in der Box beobachten können. Die Lemminge werden sich im Normalfall beschnuppern und auch auf den jeweils anderen aufsteigen, sie werden sich gegenseitig mit den Vorderpfoten anstupsen und möglicherweise auch Fieptöne und Kreischen von sich geben. Meist jagen sie sich auch ein wenig und versuchen sich gegenseitig zu unterwerfen.

Diese Verhaltensweisen sind noch völlig normal und dienen der Rangordnungsfindung. Vertragen sich Ihre Tiere, lassen Sie sie auf jeden Fall **mindestens 24 Stunden**, besser zwei Tage zusammen in der Transportbox. Fiepen und Kreischen die Lemminge noch sehr oft oder treten immer wieder Rangeleien auf, warten Sie lieber noch einen Tag länger. Die Lemminge sollten eng zusammen hocken, zusammen schlafen, sich putzen und sich **sehr gut vertragen**, bevor sie in ihr neues Zuhause ziehen dürfen.

Sicher erscheint es Ihnen etwas hart, die Tiere in so ein kleines Behältnis zu sperren, aber so finden die Tiere relativ schnell zueinander. Sie haben in der engen Box Angst und akzeptieren leichter den neuen Partner – denn jeder Partner ist in so einer Situation besser als allein zu sein.

Keine Duftstoffe einsetzen!

Damit die Tiere sich schneller „riechen“ können, wird häufig empfohlen, Duftstoffe einzusetzen. Parfüms enthalten meist jedoch für Lemminge giftige Stoffe (z.B. Alkohol). Werden diese von den Tieren abgeleckt, kann das zu Vergiftungen führen. Auch andere Duftstoffe sollten nicht eingesetzt werden. Sie sind nutzlos und irritieren die Lemminge nur, und sobald der Geruch verflogen ist, sind sie sich wieder fremd und es kommt erneut zu Rangkämpfen.

Vergesellschaftung auf neutralem Boden

Wenn Sie **sehr junge Tiere** unter zehn Wochen vergesellschaften, ist es mitunter auch möglich, sie einfach auf neutralem Boden zusammen zu setzen. Bereiten Sie dafür z.B. die **Badewanne**, einen abgetrennten **Auslauf** oder einen großen **Karton** vor. Dort sollte nur ein Häuschen vorhanden sein, in das sich beide Lemminge flüchten können, welches aber auch zwei Eingänge aufweist, damit der unterlegene Lemming bei einem Streit leichter flüchten kann. Gut eignen sich auch Weidenzweigtunnel (siehe Seite 47), unter denen sich die Tiere sicher fühlen. Behalten Sie das Geschehen für mehrere Stunden im Auge und greifen Sie bei Beißereien sofort ein. Vertragen sich die Lemminge für mehrere Stunden im Auslauf, kann der nächste Schritt der Vergesellschaftung in Angriff genommen werden und die Lemminge ziehen schrittweise in ihr neues Reich ein.

Vergesellschaftung mit der Trenngittermethode

Die Trenngittermethode wird vorwiegend angewandt, um **ältere Lemminge** langsam aneinander zu gewöhnen. Ebenso wird sie auch bei Lemmingen, die schon vergesellschaftet waren und sich gestritten haben oder wegen Krankheit getrennt wurden, eingesetzt, um sie wieder aneinander zu gewöhnen.

- Trennen Sie ein Aquarium, das nicht größer als 80 x 40 x 40 cm ist, in der Mitte mit zwei Gittern, die Lemminge sollen sich sehen und riechen, aber nicht erreichen können. Ein stabiles **Trenngitter** kann folgendermaßen gebaut werden: Messen Sie die Innenmaße des Beckens sorgfältig aus und bauen Sie aus Kanthölzern (Breite der Kanthölzer 1 cm) zwei Holzrahmen, die exakt senkrecht ins Becken passen. Tackern Sie an einen Rahmen engmaschigen Vierkantdraht (siehe Seite 32) und nageln sie dann den anderen Rahmen dagegen, damit die Tiere sich nicht an überstehenden Gittern verletzten können. Bauen Sie noch einen zweiten Trenngitterrahmen, der gegen den anderen gestellt wird (Abstand der Gitter zueinander mindestens 2 cm). Sichern Sie die Rahmen oben am Beckenrand oder legen Sie beidseitig unten noch je einen Ziegelstein dagegen, damit das Gitter nicht verrutscht.
- **Tauschen** Sie nun täglich die Tiere zwischen den Abteilungen aus, damit die Lemminge den Geruch des neuen Partners annehmen.
- Bleiben die Lemminge dabei ruhig, können Sie **ein Gitter entfernen**, um einen direkteren Kontakt zu ermöglichen.
- Wenn die Lemminge versuchen, sich durch das Gitter anzugreifen, das Fell stark sträuben und **aggressiv** wirken, dürfen sie nicht zusammengesetzt werden!
- Bleibt es ruhig und interessieren sich die Tiere füreinander, reicht **eine Woche** Seitentausch häufig schon aus. Es kann aber auch einige Wochen dauern, bis aus Feinden Freunde werden.
- Bleiben die Tiere auch bei direktem Kontakt durch das Gitter für mehrere Tage ruhig, kommen sie zusammen in die **Panikbox**.

Keine Freundschaftsgarantie

Nicht alle Tiere passen zusammen! Wenn die Lemminge sehr aggressiv aufeinander reagieren und überdeutlich eine Abneigung gegen den vom Menschen gewählten Partner zeigen, dann sollten Sie nicht weiter versuchen, diese Tiere zu vergesellschaften.

Zusammen im Gehege

Wenn die Lemminge sich nach den oben vorgestellten Vergesellschaftungsmethoden gut vertragen und viel kuscheln, können sie in ein **neues Gehege** umziehen. Dies muss vorab gründlich gereinigt und sollte nach Möglichkeit auch an einem neuen Standort aufgestellt werden. In das Becken kommen die Einstreu aus dem Vergesellschaftungsgehege, etwas neue Einstreu sowie Nistmaterial, Sandbad, Futter und Wasser. Ein kompletter Streuaustausch sollte in den ersten zwei bis drei Wochen nicht vorgenommen werden. Wenn es nötig ist, wird lediglich verschmutzte Einstreu ersetzt.

Bieten Sie den frisch vergesellschafteten Lemmingen erstmal

Kleine Rangelei unter Freunden, der rangniedere Lemming unterwirft sich.

nur ein kleines Gehege bis **maximal 100 x 40 cm** an. Bei unsicheren Tieren, die sich noch viel kabbeln, wäre ein kleineres Becken oder ein abgetrennter Bereich im Becken sinnvoll. Zum Abtrennen können Sie einfach ein passendes Holzbrett senkrecht in das Becken stellen. Dieses wird von oben mit Haken gesichert. Erweitern Sie das Gehege dann schrittweise.

Vertragen sich die Tiere im neuen Gehege, geben Sie erstmal **ein neues Haus** dazu und dann Schritt für Schritt immer nur ein neues Spielzeug und langsam mehr Einstreu. Beobachten Sie genau, ob sich die Tiere weiterhin vertragen. **Streiten** sich die Lemminge, müssen sie leider wieder in ein kleines Gehege oder die Panikbox umziehen.

Trennen kleiner Kämpfer

Verbeißen sich die Lemminge bei einem Vergesellschaftungsversuch ineinander, müssen Sie sofort getrennt werden. Gehen Sie niemals einfach mit der Hand dazwischen, dabei können Sie **heftig gebissen** werden. Auch das Tragen von Handschuhen ist nicht zu empfehlen: Es besteht dabei die Gefahr, die Lemminge zu verletzen, wenn sie ineinander verbissen sind. Mit einer **dicken Pappe**, die von oben zwischen die Tiere geschoben wird, werden die Lemminge schonend getrennt. Sollten sich die Lemminge in der Panikbox beißen, wird die Box sanft und vorsichtig ein wenig geschüttelt, bevor weitere Maßnahmen ergriffen werden.

Wartezeit berücksichtigen

Bei älteren Tieren kommt es vor, dass sie kurz nach dem Tod des Partners noch nicht bereit sind, einen neuen zu akzeptieren. Sie werden nach dem Verlust eines Partners erst etwa eine Woche allein gehalten. Erfahrungen haben gezeigt, dass eine Vergesellschaftung dann friedlicher abläuft.

Die kleine Lemmingwelt

Ein großes und tiergerecht eingerichtetes Steppenlemminggehege ist ein kleines Stück Natur, ein Lebensraum für wilde Tiere und ein schöner Blickfang in jeder Wohnung. Die Steppenlemminge werden **ihr ganzes Leben** in ihrem Gehege verbringen. Da ist es selbstverständlich, dass ihr Lebensraum **so groß wie möglich** sein muss (siehe Seite 36). Das Gehege ist nicht nur der Ort, wo die Tiere schlafen und fressen. Sie suchen dort ihr Futter, graben Tunnel und legen ihren Bau an, sie agieren miteinander, erkunden ihre Umwelt und vor allem laufen sie viel und gern – über und unter der Einstreu. In einem großen und tiergerecht eingerichteten Gehege können die Steppenlemminge alle ihre **natürlichen Verhaltensweisen** ausleben. Davon profitieren nicht nur die kleinen Wühler, auch Sie können sich so an vielen verschiedenen Facetten ihrer Aktivitäten erfreuen. Je größer und interessanter das Gehege eingerichtet ist, umso mehr gibt es auch zu sehen.

Ein Heim für Steppenlemminge

Die Planung des Geheges, die Auswahl eines passenden Standortes und die Einrichtung nehmen viel Zeit in Anspruch, mitunter sogar einige Wochen. Aus diesem Grund sollte das Gehege schon vor dem Einzug der neuen Bewohner fertig geplant und eingerichtet bereit stehen.

Künstliche Tunnel aus Kork und anderen Materialien werden gern als Versteck genutzt.

Eine selbstgebaute kleine Lemmingwelt.

Der erste Planungsschritt ist natürlich die Überlegung, ob das Gehege fertig **gekauft** oder **selbst gebaut** wird. Sobald die Entscheidung für eine Gehegeart getroffen wurde, können Sie den **Grundriss** des Geheges aufzeichnen und die benötigten Einrichtungsgegenstände darauf einzeichnen. So können Sie schon vorab prüfen, ob jeder gewünschte Einrichtungsgegenstand hinein passt und wo er aufgestellt wird. Obwohl Steppenlemminge natürlich bestimmte Ansprüche an ihre Umgebung stellen, kann ihr Gehege auch individuell eingerichtet und Ihrem Geschmack angepasst werden. Hintergrundbilder für Terrarien können das Gehege lebendiger erscheinen lassen, Eigenbauten lassen sich mit verschiedenen Hölzern farblich an Ihre Wohnungseinrichtung anpassen, selbst gebastelte Einrichtungsgegenstände können Sie kreativ und mit Lebensmittelfarbe teilweise farbig gestalten. Die Planung und das Einrichten des Geheges steigern die Vorfreude auf diese kleinen Tiere, wenn das Gehege Stück für Stück fertig wird.

Fix und fertig

Wird das Gehege erst zusammen mit den Lemmingen gekauft, ist es also kaum möglich, es in Ruhe einzurichten. Langes Warten in der Transportbox, während das Gehege erst noch aufgestellt und eingerichtet wird, ist für die Tiere großer Stress. Sind sie schon eingezogen, werden Umbauarbeiten zum Problem. Jeder Umbau bringt den Tieren großen Stress und deshalb bis zur nächsten Gehegereinigung warten.

Gehegegröße

Die Grundfläche eines tiergerechten Geheges für zwei bis vier Steppenlemminge sollte auf keinen Fall kleiner als **0,4 m²** sein. Dieser Platz reicht gerade aus, um eine erhöhte

Mit Pflanzen und Wurzeln können Sie wunderschöne, naturnahe Gehege gestalten.

Futterstelle, einen Nistbereich, eine Buddelecke und ein Laufrad anzubieten. Beim Einrichten eines solchen Geheges wird allerdings schnell klar, dass es nicht wirklich viele Möglichkeiten bietet – **größer ist besser**. Der Größe des Geheges sind nur bei reiner Bockhaltung Grenzen gesetzt, da die Männchen zur Revierbildung tendieren, wenn es die Möglichkeit dazu gibt. Deshalb darf das Gehege einer reinen Männer-WG auf keinen Fall größer als 1 m^2 sein, und schon dort kann es zu Problemen kommen.

Wichtig! Wenn eine Lemminggruppe von einem kleinen in ein erheblich größeres Gehege umziehen soll, muss dieser Umzug langsam vonstatten gehen. Das neue Gehege wird zu Anfang nur mit der Einstreu und den Einrichtungsgegenständen des alten Geheges ausgestattet. Nach und nach werden neue Einstreu und neues Zubehör angeboten. So gewöhnen sich die Lemminge langsam an die neue Umgebung. Das ist nicht nur stressfreier für die Tiere, sondern beugt auch der Revierbildung vor. Finden die Nager hingegen in einem sehr viel größerem Gehege viele Unterschlüpfe vor, kann es bei größeren Gruppen, vor allem bei Männchen, sehr schnell dazu kommen, dass die Tiere sich streiten und Reviere bilden, was letztlich zur Trennung der Gruppen führt.

Gehege kaufen

Im Zoofachhandel wird eine große Palette an Gehegen zur Unterbringung von Kleinnagern angeboten. Allerdings eigen sich nicht alle für die Haltung von Steppenlemmingen.

Aquarien/Glasbecken

Aquarien ohne Abdeckung werden gern für die Kleintierhaltung verwendet. Häufig sind Aquarien günstig gebraucht zu bekommen, große Becken sind aber auch neu durchaus bezahlbar und meist günstiger als alle anderen Unterbringungsmöglichkeiten. Es ist, vor allem bei kleineren Aquarien wichtig, dass diese nicht wesentlich höher als breit sind. Ansonsten findet keine ausreichende Luftzirkulation im Becken statt und am Boden stauen sich durch die Ausscheidungen der Tiere Ammoniak und Feuchtigkeit.

Vorteil: Es fällt keine Einstreu aus dem Gehege, wenn die Lemminge dieses umgraben. Es kann also eine hohe Einstreuschicht eingefüllt werden, in der sich die Tiere richtige Gänge bauen können. Positiv ist natürlich auch die freie Sicht auf die wuseligen Bewohner, da keine störenden Gitterstäbe vorhanden sind.

Nachteil: Die Lemminge können nur von oben aus dem Becken genommen werden – das mögen sie nicht besonders und es erschwert die Annäherung zwischen Mensch und Lemming. Aquarien sind schwer und unhandlich, das erschwert die Reinigung. Etagen für Futter und Wasser müssen selbst gebaut werden (siehe Seite 44), da der Fachhandel bisher nur wenige passende Etagen für Glasbecken anbietet. Im Sommer kann sich darin die Wärme stauen, es ist hier also besonders darauf zu achten, dass das Becken gut belüftet und ggf. bei hohen Temperaturen rechtzeitig gekühlt wird (siehe Seite 41).

Gitterdeckel: Glasbecken müssen mit einem Deckel versehen werden. Es gibt passende Gitterdeckel zu kaufen, aber noch sind diese im

Fachhandel selten zu bekommen. Der Bau eines Gitterdeckels ist recht einfach.

So geht's: Aus Kanthölzern wird ein Rahmen zusammen geschraubt, der etwas größer ist als der obere Beckenrand. Darauf wird Volierendraht aus dem Baumarkt getackert. Der Draht sollte vierkantverschweißt sein, optimal ist ein Gitterabstand von 0,6 mm zur Jungenaufzucht, bei ausgewachsenen Steppenlemmingen reichen 0,8 mm. Fliegengitter ist zu dünn und hält dem Nagetrieb der Lemminge nicht stand. Grundsätzlich gilt: Wo der Steppenlemming seinen Kopf hindurch bekommt, passt auch der restliche Körper durch. Das Gitter sollte immer so beschaffen sein, dass ein Lemming seinen Kopf nicht bis zu den Augen hindurch stecken kann, denn sonst könnte er sich beim Gitternagen verletzten.

Terrarien

Terrarien sind nur begrenzt für die Haltung von Lemmingen geeignet.

Vorteil: Spezielle Terrarien für Nager sind für die Lemminghaltung besser geeignet. Dort ist die Belüftung an der Seite und überwiegend oben angebracht. Die Türen sind höher eingebaut und vor den Türen ist eine zusätzliche Sicherungscheibe angebracht, die das Herausfallen der Einstreu verhindert. Leider sind solche speziellen Terrarien nicht in allen Zoofachgeschäften vorrätig oder müssen bestellt werden. Als Sonderanfertigungen können sie in jeder Größe angefertigt und an die persönlichen Wohnverhältnisse des Halters angepasst werden, allerdings sind sie sehr kostspielig. Ein großer Vorteil des Terrariums ist sicher, dass die Tiere von vorne aus dem Terrarium genommen werden können. Die täglichen Pflegemaßnahmen werden durch die vorne angebrachten Türen ebenfalls erleichtert. Die Tiere können gut beobachtet werden.

Nachteil: Bei herkömmlichen Terrarien für Reptilien befindet sich die Belüftung häufig an den falschen Stellen: meist unten im Gehege, wo sie von den Tieren schnell zugebuddelt wird. In handelsüblichen Terrarien für Reptilien findet also keine ausreichende Belüftung statt. Die Schiebetüren gehen bis zum Boden herunter, sodass die Einstreu aus dem Terrarium fällt, wenn die Türen geöffnet werden, außerdem setzen sich die Führungsschienen der Türen schnell mit der Streu zu und die Türen lassen sich dann nicht mehr richtig schließen. Terrarien sind aufgrund ihres hohen Gewichtes ebenfalls schlechter zu reinigen. Etagen müssen selbst gebaut werden.

Kunststoffgehege

Im Zoofachhandel werden Vollplastikgehege für Kleintiere angeboten. Auf der Kunststoffwanne sitzt ein Kunststoffdeckel mit einem Gitter im oberen Bereich. Mit den entsprechenden Grundmaßen und einem Gitterabstand unter 0,8 mm sind diese Gehege für die Steppenlemminghaltung geeignet, allerdings nur, sofern das Gitter im Deckel so groß wie die Grundfläche ist. Ansonsten ist keine ausreichende Luftzirkulation im Gehege gewährleistet.

Vorteil: Durch ihr geringes Gewicht sind sie leicht zu reinigen. Mitunter werden passende Gitteretagen mitgeliefert, welche nur noch mit einem Holzbrett abgedeckt

werden müssen. Einstreu kann nicht hinausfallen und die Tiere können gut beobachtet werden, sofern die untere Wanne durchsichtig ist.

Nachteil: Es kommt vor, dass die Steppenlemminge an den Rändern des Kunststoffgeheges nagen. Wird Kunststoff verschluckt, kann das zu Verletzungen der inneren Organe führen. Manche Steppenlemminge haben sich auch schon aus so einem Gehege einen Weg in die Freiheit genagt.

Käfige

Käfige sind für die Steppenlemminghaltung **in der Regel ungeeignet**. Die meist niedrigen Bodenwannen können nicht hoch genug eingestreut werden, die Gitterabstände der meisten Käfige sind zu groß und wenn die Lemminge am Gitter nagen, können sie sich Verletzungen zuziehen.

Volieren

Für Steppenlemminge sind handelsübliche Volieren für Vögel oder Kleinnager **nicht geeignet**. Lemminge sind keine besonders begeisterten Kletterer. Hoch angebrachte Etagen sind ihnen unangenehm und wenn sie sich erschrecken, fallen sie von diesen herunter. Eine hohe Einstreu ist in Volieren nicht möglich und der meiste Platz der Voliere bleibt wohl eher ungenutzt.

Gehege selbst bauen

Passende Terrarien oder Aquarienbecken für große Gehege sind meist recht kostspielig und müssen nicht selten speziell angefertigt werden. Ein Eigenbau ist günstiger und kann häufig besser in den Wohnbereich integriert werden. Es gibt verschiedene Eigenbauvarianten, die alle schon in der Steppenlemminghaltung erfolgreich getestet wurden.

Wichtig: Beim Eigenbau müssen Sie darauf achten, nur Materialien zu verwenden, die den Steppenlemmingen nicht schaden. Neben Spanplatten können Sie natürlich

Abenteuerspielplatz für Lemminge mit Tunneln und Klettermöglichkeiten aus Holzröhren.

auch Massivhölzer verwenden, gut geeignet sind Birke, Weide, Obst- oder Nussbäume. Abraten möchte ich von Nadelhölzern, deren Harze zu Problemen führen können. Sollen die Ecken und Kanten im Gehege versiegelt werden, damit kein Urin in das Holz zieht, dürfen Sie nur ungiftiges Aquariensilikon verwenden. Zum Verkleben von Holzteilen hat sich ein lösungsmittelfreier Holzleim auf Wasserbasis bewährt. Zur „urindichten“ Lackierung von Etagen oder Einrichtungsgegenständen empfehle ich ungiftige und lösungsmittelfreie Lacke: Bewährt haben sich spezielle, „sabbersichere“ Lacke für Kinderzimmereinrichtungen.

Schrankgehege

Aus alten Regalen oder Schränken kann schnell ein schöner Gehegeeigenbau entstehen.

- Die **Rück- und Seitenwände** des Schrankes oder Regals können Sie dabei meist belassen. Wände aus beschichteter Spanplatte (ohne Löcher darin) bieten den Tieren keine Angriffspunkte für ihre kleinen Nagezähnchen.
- **Regalböden** dienen als Etagen, in Schränken können Sie leicht neue Regalböden einbauen.
- Sägen Sie vorzugsweise an einer hinteren Ecke eines Regalbodens eine **Öffnung** von etwa 5 x 5 cm heraus, an welcher Sie dann einen Übergang (eine Treppe oder Rampe) anbringen, der auf die nächste Ebene führt.
- Um Einstreu hoch einfüllen zu können, wird vorne im unteren Bereich eine etwa 25–30 cm hohe **Plexiglasscheibe** angebracht.
- Die **Türen** sollten aus Holzlatten bestehen und werden mit einem engmaschigen Volierendraht (siehe Seite 38) bezogen, um eine ausreichende Belüftung des Geheges zu gewährleisten.

Ein abwechslungsreich gestaltetes Gehege mit mehreren Etagen, Gangsystemen, Häusern und Laufrad.

Cricetinarium

Dieses Becken erinnert an Terrarien für Reptilien und kann frei an den vorhandenen Platz angepasst werden.

- Die **Bodenplatte, Seiten- und Rückwände** bestehen aus beschichteten Spanplatten oder Vollholz.
- **Oben** wird das Cricetinarium mit engmaschigem Volierendraht (bis 0,8 cm) abgedeckt.
- Die **Vorderfront** besteht aus Glas- oder Plexiglasscheiben auf Führungsschienen.
- Um zu verhindern, dass Einstreu aus dem Gehege heraus fällt oder die Führungsschienen der Türen verstopft, sollte zwischen den Führungsschienen und dem Innenteil noch eine mindestens 25 cm hohe **Plexiglasscheibe** angebracht sein.

Eigenbauideen

Natürlich können Sie einen Eigenbau auch **völlig frei gestalten**, z.B. mit einem Boden und Seitenteilen aus beschichteter Spanplatte sowie mit Volierendraht bezogen Türen. Schön sind auch Seitenteile aus Plexiglas, um ohne störende Gitter einen kompletten Überblick über die Lemmingwelt zu haben. Werden Gittertüren verwendet, ist es sinnvoll, sie mit Magnetverschlüssen zu sichern (gibt es im Baumarkt).

Standort des Geheges

Damit die Steppenlemminge sich rundherum wohl fühlen, ist die Wahl des richtigen Gehegestandortes sehr wichtig. Folgende Punkte sollten Sie bei der Auswahl des Standortes berücksichtigen:

- Im **Schlaf- oder Kinderzimmer** sollte das Gehege nicht stehen. Durch die verstärkt nächtliche Aktivität der Lemminge kann es zu einer Lärmbelästigung kommen und der Staub der Einstreu ist in Bettnähe ungesund (siehe Seite 17).
- **Wohn- und Arbeitszimmer** sind für die Steppenlemminghaltung meist gut geeignet. Voraussetzung ist hier u.a., dass der Fernseher nur selten und nur in Zimmerlautstärke läuft und ebenso wie die selten benutzte Stereoanlage mindestens zwei Meter vom Gehege entfernt steht.
- Steppenlemminge haben sehr **empfindliche Lungen**. Düfte und Rauch reizen ihre empfindlichen Atemwege und legen einen ihrer wichtigsten Sinne, den Geruchssinn, regelrecht lahm. Daher sollten Sie im Zimmer, wo die Nager untergebracht sind, auf den Genuss von Tabakwaren und die Verwendung von Räucherstäbchen, Räuchermännchen und Raumdüften verzichten.
- Das Gehege sollte an einem **zugfreien Ort** untergebracht werden, der Raum aber trotzdem regelmäßig gelüftet werden. Natür-

Gehegekühlung im Sommer

Zur Abkühlung können Sie feuchte Tontöpfe aus dem Kühlschrank oder Kacheln und Steine ins Gehege legen. In Tüten gewickelte Kühlakkus werden auf eine Seite des Geheges gelegt, von dort strömt kalte Luft in das Gehege.

liches Licht, auch Morgen- oder Abendsonne, sind sinnvoll. Allerdings darf das Gehege nicht längere Zeit direkter Sonneneinstrahlung ausgesetzt werden, damit es sich nicht zu stark aufheizt.

→ Die **ideale Umgebungstemperatur** liegt bei 18–22 °C und die Luftfeuchtigkeit bei etwa 40–70 %. Bei trockener Heizungsluft haben sich Luftbefeuchter als sinnvoll erwiesen, um Atemwegsentzündungen bei den Steppenlemmingen vorzubeugen.

Grundausstattung

Bei der Einrichtung des Geheges sollten Sie auf die natürlichen Bedürfnisse der Steppenlemminge Rücksicht zu nehmen. In erster Linie benötigen sie dunkle Unterschlüpfe, hohe Etagen, auf denen Futter und Wasser sauber angeboten werden kann, und viel Einstreu zum Buddeln. Die Einrichtungsgegenstände sollten aus natürlichen Materialien bestehen: Holz, Kork und Stein sind besonders gut geeignet, aber Sie können auch Ton und Keramik verwenden.

Auf **Plastik** muss verzichtet werden: In Plastikhäusern und -röhren ist keine ausreichende Luftzirkulation vorhanden, Pilze und Bakterien siedeln sich schneller an und haben Erkrankungen der Atemwege und schlimmstenfalls Pilz- oder Parasitenbefall zur Folge. Angenagt und

Alles stabil

Schwere Einrichtungsgegenstände wie Steine, Tonhäuschen, Sandbad oder Wurzeln dürfen nicht auf die Einstreu gestellt werden. Wenn die Lemminge darunter ihre Gänge graben, kann es zu Einstürzen kommen oder die Tiere werden darunter eingeklemmt: Deshalb gehören schwere Gegenstände auf den Gehegeboden oder gesichert auf Etagen.

Mehrkammernhäuser bieten den Lemmingen die Möglichkeit, ihr Nest aufzuteilen.

verzehrt können Plastiksplitter im Darm zu Verletzungen führen. Auch auf **Gitteretagen** muss verzichtet werden oder diese müssen mit Holzplatten abgedeckt werden, da die Steppenlemminge in den Zwischenräumen stecken bleiben können.

Schlafhäuschen und Wohnhöhlen

Ein geräumiges Häuschen, in dem die gesamte Lemminggruppe genug Platz für ein geräumiges Nest hat, sollte im Gehege nicht fehlen. Dafür eignen sich im Handel erhältliche **Hamsterhäuschen** oder **Nistkästen für Wellensittiche**. Das Haus sollte die Mindestmaße 15 x 15 x 10 cm nicht unterschreiten. Die Eingangsöffnung aller Häuser und Spielzeuge für Steppenlemminge sollte mindestens 3,5 cm Durchmesser haben.

Nicht immer werden die Häuser angenommen, oft buddeln sich die Tiere lieber Wohnhöhlen in der Einstreu. Dann kann das Haus, auf eine Etage gestellt, immer noch als **Schutz für den Wassernapf** oder das Frischfutter dienen. Ein unter die Einstreu gestelltes Haus wird mitunter auch gern als Vorratskammer genutzt.

Sehr gut geeignet sind bei entsprechendem Platz auch **Wohnlabyrinthe**. Diese bestehen aus mehreren Kammern und haben eine sehr große Grundfläche, die Kammern bieten den Steppenlemmingen die Möglichkeit, getrennte Nist- und Vorratskammern anzulegen. Obwohl Labyrinthe meist schwer sind, können sie gut auf eine hohe Einstreuschicht gestellt werden, da sie durch ihre Größe nicht so leicht kippen. Wenn Sie regelmäßig kontrollieren, dass die Lemminge das Labyrinth noch nicht völlig untertunnelt haben, bieten es den Steppenlemmingen einen schönen Ausgangspunkt für ihre Tunnelbauten.

Einstreuhöhe und Einstreuart

Die Einstreu sollte gut **20–25 cm hoch** eingefüllt werden, damit die Tiere sich darin Gänge und Höhlen graben können! Mitunter wird leider noch eine niedrigere Einstreu empfohlen, da die Steppenlemminge dann häufiger und besser zu beobachten sind und angeblich zahmer

Lemminge sind eifrige Tunnelgräber und wühlen sich gern durch die Einstreu.

Einstreu-Alternativen

Wenn Sie auf die handelsübliche Kleintierstreu verzichten möchten, weil diese in der Regel aus Fichten- oder Kiefernholz gefertigt wird, sind fein gehäckselte Hanfeinstreu oder Einstreu aus Miscanthuspflanzen gute Alternativen. Die Struktur dieser Einstreu ermöglicht es den Lemmingen, Gangsysteme zu errichten, ohne dass zusätzlich Strohhäcksel eingearbeitet werden müssen.

werden. Allerdings ist das eine doch recht selbstsüchtige Art der Tierhaltung: Nur damit die Tiere beobachtet werden können, wird ihnen ein tiergerechter, unterirdischer Lebensraum verwehrt. Zu bedenken ist allerdings natürlich, dass kranke Tiere bei hoher Einstreu erst spät entdeckt werden. Um das zu verhindern sollte regelmäßig ein Gesundheitscheck vorgenommen werden (siehe Seite 74).

Die Einstreu sollte **staubarm** oder **staubfrei** sein. Gut geeignet ist handelsübliche Kleintierstreu, besonders Feinflockholzeinstreu. Damit die Gänge an Stabilität gewinnen, sollten Sie unter die Einstreu Heu und Strohhäcksel mischen. Weniger geeignet als Einstreu sind z.B. Buchengranulat, Pellteinstreu oder zu grobe Mais- oder Leineinstreu, denn diese Einstreuarten sind zu schwer und zu instabil, um darin Gänge zu bauen.

Sie können Ihren Lemmingen auch in einem abgetrennten Gehegebereich **Erde** oder ein **Erde-Sand-Gemisch** zum Buddeln anbieten. Verwenden Sie ungedüngte Erde aus dem Gartenfachhandel oder Erde aus dem eigenen Garten. Letztere sollte im Ofen bei 100 °C getrocknet werden, um Keime abzutöten. Danach muss die Erde wieder leicht befeuchtet werden, damit sie nicht zu stark staubt und die Atemwege des Tieres reizt. Um die Erde feucht zu halten, wird sie hin und wieder mit einem Zerstäuber befeuchtet (nicht mit der Gießkanne!), aber nur dann, wenn die Lemminge nicht im Gehege unterwegs sind! Wegen der Feuchtigkeit darf Erde nie direkt neben oder unter das Schlafhaus und niemals ausschließlich als Einstreu verwendet werden. Der noch immer häufig empfohlene Torf ist umstritten, da er meist zu sauer ist und das Fell schädigt, außerdem werden beim Torfabbau die Moore und Lebensräume von Wildtieren zerstört.

Etagen sind wichtig

Etagen in verschiedenen Größen dürfen in keinem Steppenlemminggehege fehlen und sollten etwa **5 cm über der maximalen Einstreuhöhe** angebracht werden. Sie sind notwendig, um darauf Wassernäpfe und Frischfutter anzubieten. In Aquarien und Eigenbauten, bei denen die Belüftung nur durch oben angebrachte Gitter gewährleistet ist, müssen Sie darauf achten, dass die Etagen nicht mehr als ein Drittel der Gesamtfläche überspannen, damit die Frischluftzufuhr gewährleistet ist.

Rampen oder Treppen als **Aufstiegsmöglichkeiten** zur Etage sind sinnvoll, möglichst eine an jeder Seite einer Etage. Leitern mit offenen Sprossen sind jedoch gefährlich, da Lemminge in den Sprossen stecken bleiben können. Bei großen Etagen kann es sinnvoll sein, in die Etage einige Löcher zu sägen, damit die

Steppenlemminge dadurch schnell nach unten „abtauchen“ können, wenn sie beunruhigt sind.

Tipps zum Etagenbau:

- Etagen im **Eigenbaugehege** können Sie mit Winkeln zur Regalbefestigung an die Wand schrauben.
- Im **Aquarium/Terrarium** können Sie an drei Seitenwänden mit Heißkleber oder Zwei-Komponenten-Kleber auf einer Höhe jeweils ein Zentimeter dicke Holzleisten befestigen. Auf diese Leisten werden dann die Etagen gelegt, die zur Reinigung wieder leicht entfernt werden können.
- Statt fest angebrachter Etagen können Sie auch **variable Etagen** anbieten, die leicht umgestellt und an die Einrichtung angepasst werden können. Für solche Etagen werden wie bei einem Tisch vier Holzbeine unter die Bodenplatte geschraubt. Dazu können Sie Kant- oder Rundhölzer aus dem Baumarkt verwenden.

Tränken und Futternäpfe

Wasser ist wichtig und muss immer zur Verfügung stehen, auch wenn mitunter behauptet wird, dass Steppenlemminge als Steppenbewohner kein Wasser bräuchten. Da **Wassernäpfe** meist schnell eingebuddelt werden, sollten sie immer hoch auf Etagen platziert und gegebenenfalls noch durch ein kleines Häuschen geschützt werden.

Sind keine Etagen vorhanden, muss eine **Wasserflasche** angebracht werden. Diese können Sie von oben in den Käfig hängen oder mit einem einfachen Klettverschluss an der Gehegewand befestigen: Dazu werden am Gehege und an der Flasche Klettband angebracht, so können Sie die Flasche leicht zum Säubern herausnehmen. Flaschenhalterungen mit Gumminoppen zur Befestigung an der Glasscheibe sind weniger geeignet, da die Lemminge die Gumminoppen mitunter annagen.

Servieren Sie das Futter gelegentlich im Napf, um die benötigte Menge besser abschätzen zu können.

Die meisten **Futternäpfe** haben einen sehr hohen Rand. Das führt dazu, dass die Tiere sich beim Fressen und Trinken stark biegen müssen und ihr Bauch dabei regelrecht eingequetscht wird – oder die kleinen Tierchen steigen ganz in den Futternapf, wodurch er häufig stark verschmutzt wird.

Besser geeignet als Futternäpfe sind Tonuntersetzer für Blumentöpfe. Diese haben die richtige Höhe für kleine Steppenlemminge.

Innendeko mit Spaßfaktor

Um den Lebensraum Ihrer Steppenlemminge interessanter zu gestalten, können Sie ihnen weitere Einrichtungsgegenstände zur Verfügung stellen. Aufregend wird es für die kleinen Untermieter, wenn sie jede Woche eine kleine Veränderung in ihrem Gehege vorfinden.

Spannendes aus Keramik

Häuser aus Ton sind als Unterschlupf sehr beliebt. Im Fachhandel bekommen Sie entsprechende Häuser in verschiedenen Varianten. Alte, ausreichend große **Teekannen** oder umgedrehte **Blumenuntertöpfe** eignen sich ebenfalls, wenn alle Öffnungen mindestens 3,5 cm groß sind. Zu kleine Öffnungen in Einrichtungsgegenständen müssen entweder verschlossen oder vergrößert

Gemüse servieren

Gemüse können Sie mit einem Gemüsespieß aus dem Zoofachhandel anbieten. Der Spieß wird mit Gemüse bestückt und dann an das Deckengitter oder ein Loch in einer Etage gehängt. So wird das Gemüse nicht zugebuddelt oder gebunkert und bietet einen zusätzlichen Anreiz zur Beschäftigung. Auf keinen Fall darf der Spieß im Gehege frei schwingen, daran könnten sich die Steppenlemminge verletzen.

Aus dem sicheren Tonunterschlupf beobachtet der Lemming seine Umgebung.

Lemminge nutzen gern Moos zum Nestbau.

werden, damit die Tiere darin nicht stecken bleiben. Aus ungiftiger **Keramikmasse** (gibt es im Bastelshop) können Sie Häuser oder kleine Spiellandschaften basteln. Die geformte Masse wird einfach im Backofen getrocknet.

Holz und Kork

Durchlöcherte Baumstümpfe, lange dicke **Äste** und auch Treppen aus Holzscheiben bieten den Steppenlemmingen Abwechslung im Gehege. Als Unterschlupf ebenfalls sinnvoll sind **Holzbrücken.** Diese bestehen meist aus Weidenzweigen und sind auch unter dem Namen „Weidenzweigröhren" bekannt, mitunter sind sie auch aus Haselnuss oder anderen Holzarten erhältlich. Bei diesen Röhren sind die Zweige biegsam mit Draht verbunden; sie können als Höhle oder Rampe eingesetzt werden.

Kork eignet sich wunderbar zur Gehegegestaltung. Aus verschiedenen Korkplatten und Halbröhren lassen sich regelrechte Tunnelsysteme aufschichten, die von den Steppenlemmingen gern als fertige Gangsysteme angenommen werden. Kork kann leicht mit heißem Wasser gereinigt werden und ist ungiftig.

Baumwurzeln oder auch **Mangrovenholz** aus dem Zoofachhandel können im Gehege zur Stabilisierung von Gängen, als Klettergerüst und als Aufgänge zu Etagen verwendet werden. Da es sich um Naturmaterialien handelt, ist es notwendig, diese gut zu säubern. Es hat sich bewährt, Holzteile in heißem Wasser auszukochen und dann gut durchtrocknen zu lassen.

Spielwiese für Lemminge

Einen Tag vor der Käfigreinigung oder in einem abgetrennten Gehege können Sie Ihren Lemmingen auch gelegentlich **Laub** (siehe Seite 58) oder ein Stück ungedüngten **Rasen mit Erde** daran aus dem Garten anbieten. Käferchen und Würmchen dürfen darin bleiben und werden von den Lemmingen gerne verzehrt. Achten sie aber darauf, dass sich keine Zecken in der Erde oder auf dem Laub befinden und reinigen Sie das Gehege am nächsten Tag gründlich.

Trockenes Moos

Laubmoose eignen sich gut zur Gehegegestaltung, zum Nistbau und zur Stabilisierung der unterirdischen

Aus Pappröhren lassen sich aufregende Gangsysteme für Lemminge entwerfen.

Gänge. Zu fast jeder Jahreszeit können Sie im Wald oder im Garten Moos ernten. Wenn Sie es einige Tage **auf der Heizung getrocknet** haben, können Sie es zur Gehegegestaltung verwenden. Meine Steppenlemminge lieben es, wenn sie unter einer dicken Moosschicht sicher durchlaufen können, aber auch die Futtersuche auf dem Moosfeld gestaltet sich für sie interessant. Als optisches Element im Gehege sind grüne Moose kaum wegzudenken.

Basteltipps

Sie können viele Einrichtungsgegenstände ohne großen Aufwand selbst basteln. Zum Verkleben der Bastelarbeiten dürfen Sie ausschließlich **ungiftigen Klebstoff** auf Wasserbasis verwenden: im Fachhandel als Bastelkleber für Kinder erhältlich. Natürlich halten einige dieser Bastelarbeiten den nagewütigen Steppenlemmingen nicht lange Stand, aber genau darin liegt ja der Reiz der Nagerhaltung und Sie als begeisterter Steppenlemminghalter können Ihren Untermietern viel Abwechslung bieten.

Toilettenpapierhöhlen

Sie benötigen lediglich einen Ballon, unbedrucktes Toilettenpapier und Wasser.

- Der **Ballon** wird bis zur gewünschten Größe aufgeblasen. Anschließend wickeln Sie einige Lagen Toilettenpapier um den Ballon und benetzen ihn vorsichtig mit einer Blumenspritze mit Wasser.
- Nach und nach legen Sie immer mehr **Toilettenpapierlagen** über den Ballon, bis es schließlich etwa sechs Lagen sind.
- **Auf der Heizung trocknet** diese Höhle innerhalb weniger Tage und wird zur festen Papphöhle.
- Nach dem Trocknen schneiden Sie die **vordere Spitze ab** und entfernen den Ballon – fertig ist ein Iglu für Steppenlemminge. Mit länglichen Ballons können Sie schöne Röhren basteln.

Papprollenpyramiden

Aus verschiedenen Papprollen, wie sauberen, leeren Toilettenpapierrollen, Posterrollen oder Küchenpapierrollen, können Sie schöne Steppenlemmingpyramiden bauen.

Kleben Sie dazu die verschieden langen Papprollen einfach **in Reihen übereinander**. Für die untere Lage werden längere und oben kürzere Rollen verwendet.

Labyrinthe

Aus einem unbedruckten Karton kann ein spannendes Labyrinth werden. So geht's:

- ➔ **Schneiden** Sie die Verschlussklappen des Kartons ab.
- ➔ **Zeichnen** Sie auf dem Boden das Labyrinth ein.
- ➔ **Kleben** Sie dann entlang der eingezeichneten Linien Pappwände in der Höhe des Kartons hinein und fixieren Sie diese mit Stecknadeln, bis der Kleber getrocknet ist.
- ➔ Abschließend **scheiden** Sie einen Eingang und gegenüber oder verbunden mit einer Rampe oben einen Ausgang in den Karton – nun können die Lemminge ihr aufregendes Labyrinth erkunden.

Das richtige Laufrad

Egal wie groß das Gehege auch sein mag, jeder Lemming möchte einfach einmal los rennen können, ohne dann gleich an den Wänden anhalten zu müssen. Das Rennen im Rad dient auch dem **Stressabbau**, wenn es in der Gruppe zum Streit kommt. Deshalb ist es immer sinnvoll, ein Laufrad anzubieten.

Welches Laufrad soll es sein?

Gut geeignet sind Holzlaufräder mit einer Aufhängung an der geschlossenen Seite und einem wartungsfreien Kugellager. Ebenso geeignet sind Räder aus splitterfreiem und ungiftigem Kunststoff. Folgende Kriterien muss ein geeignetes Laufrad für Steppenlemminge erfüllen:

- ➔ Das Rad muss einen **Durchmesser** von mindestens 20 cm aufweisen. In zu kleinen Rädern biegt der Rücken der Tiere zu stark durch und es kommt zu Rückenschäden.
- ➔ Die **Lauffläche** des Rades muss geschlossen sein. Laufflächen aus Gitter sind also nicht geeignet, in ihnen können die Lemminge sich ihre Pfoten einklemmen.
- ➔ Es darf in dem Rad nicht zu einem Schereneffekt kommen, deshalb sollte die **Aufhängung** des Rades an der geschlossenen Seite sein. Räder mit Aufhängungen vorne und hinten sind gefährlich!

Sauberes Laufrad

Steppenlemminge verschmutzen ihr Laufrad mitunter stark. Aus diesem Grund sollten Sie Holzräder unbedingt mit lösungsmittelfreier und ungiftiger Holzlasur bzw. Lack versiegeln.

Dieses große Laufrad schont den Rücken und sorgt für Bewegung und Stressabbau.

Checkliste: Gefahren vermeiden

Achten Sie beim Einrichten des Steppenlemmingheimes darauf, dass sich die Bewohner in ihrem Lebensraum nicht verletzen können. Prüfen Sie Folgendes:

Können die Lemminge nicht tiefer als 20 cm fallen?
Wenn Lemminge sich erschrecken, können sie sich von ihren Etagen und Einrichtungsgegenständen stürzen. Sie sollten immer in der Einstreu landen: Spitze Wurzeln oder kantige Gegenstände dürfen niemals so unter einer Etage stehen, dass die Steppenlemminge darauf fallen können.

Können sich die Tiere nicht in Ritzen und Spalten einklemmen?
Alle Öffnungen von Häusern und Spielsachen müssen mindestens 3,5 cm groß sein. Astgabeln dürfen niemals nach oben zeigen: Ein fallender Steppenlemming könnte sich darin einklemmen.

Können die Lemminge sich nicht verletzen?
Achten Sie bei Eigenbauten darauf, dass alle Schrauben, Nägel und Gitter so angebracht sind, dass sie nicht ins Gehege ragen und die Tiere sich nicht daran verletzen können.

Ist das Gehege ausbruchssicher?
Um die Ausbruchsgefahr zu minimieren, müssen Sie Eigenbauten aus Holz regelmäßig auf Nageschäden kontrollieren.

Steppenlemminge unterwegs

Lemminge sind klein, flink und wendig. Es ist deshalb absolut **nicht ratsam**, sie in der Wohnung frei laufen zu lassen, denn sie wären blitzschnell unter einem Schrank oder in einem Regal verschwunden. Die Wohnung ist für die Lemminge ein **gefährlicher Ort**: Stromkabel, giftige Zimmerpflanzen und kalte Böden stellen für Lemminge Gefah-

Mit Zweigen, Röhren und Keramikhöhlen schaffen Sie ein naturnahes Auslaufgehege.

renquellen dar. Reißt ein Lemming ganz aus und kann erst nach einigen Tagen oder Stunden wieder eingefangen werden, wird er sogar schlimmstenfalls aus dem Rudel ausgestoßen und damit kommen viele Probleme auf den Halter zu. Von einem Freilauf in der Wohnung ist also abzusehen.

Ausreißer einfangen

Ist ein Lemming doch entwischt, muss er natürlich wieder eingefangen werden. Zuerst müssen Sie feststellen, wo er sich befindet. Ist das nicht ganz sicher, wird der Raum mit Pappstücken unterteilt und in jedem Bereich werden Wasser und **abgezähltes Futter** in den Ecken ausgelegt. So können Sie meist leicht herausfinden, wo der Lemming sich aufhält. **Lebendmausefallen** aus dem Zoofachhandel können dann gute Dienste leisten: Sie werden mit Futter und gebrauchter Einstreu bestückt, damit sie für den Lemming angenehm und sicher riechen.

Spielparadies

Lemminge genießen einen Aufenthalt in einem fremden Territorium nur dann, wenn sie **selbst entscheiden** können, wann sie sich dorthin begeben und wann sie wieder in ihr Revier zurückgehen. Deshalb ist Auslauf nur dann sinnvoll, wenn Sie die Möglichkeit haben, das Gehege der Lemminge mit der Auslauffläche zu verbinden. Dafür eignen sich Hamsterröhren aus dem Zoofachhandel und selbst gebaute Rampen, diese müssen natürlich absturzsicher sein.

Damit die Lemminge beim Auslauf nicht abhanden kommen, sollten Sie ihnen nur eine **begrenzte Fläche** als Auslauf zur Verfügung stellen. Eine große Kiste oder ein zusammenklappbarer Auslauf sind hierfür geeignet. Für Letzteres können Sie fertige Plexiglasscheiben in der Größe 50 x 25 cm aus dem Baumarkt verwenden und diese mit Gewebeklebeband locker verbinden. Diesen variabel aufstellbaren Auslauf können Sie mit verschiedenen Einrichtungsgegenständen interessant gestalten. Ausbruchsicher ist so ein Auslauf natürlich nicht, deshalb sollten die Lemminge immer nur unter Ihrer Aufsicht hinein dürfen.

Neugierig beschnuppert der kleine Lemming die Einrichtung seines Auslaufs.

In einer Papphröhre können Sie den Lemming leicht eingefangen, wenn er nach dem Auslauf wieder in sein Gehege zurück muss.

Lemming-Menü

Im Frühjahr und Sommer ernähren sich graue Steppenlemminge in ihrem natürlichem Lebensraum in erster Linie von Gräsern, Kräutern, Blüten, Blättern, Wurzeln und, wenn sie in der Nähe menschlicher Siedlungen leben, auch von Getreide und Gemüse. Im Winter zehren sie von ihren vor allem im Herbst angelegten Vorräten. Diese bestehen in erster Linie aus getrocknetem Blattwerk, Wurzeln und verschiedenen Kräutersamen. Bei ihrer Futtersuche legen sie um ihren Bau regelrechte Wege an, und die Pflanzen an den Rändern dieser Wege werden regelmäßig abgeweidet.

Besonderheiten beim Steppenlemming

Der Speiseplan wild lebender grauer Steppenlemminge ist nicht immer üppig bestückt – in ihrem Lebensraum Steppe sind die Sommer kurz und die Winter lang. Sie sind daran angepasst und in der Lage, aus **karger Kost** ihre benötigten Nährstoffe zu ziehen. Wenn im Sommer reichlich Nahrung vorhanden ist, legen sie kleine Fettdepots an, um damit gut durch den Winter zu kommen. Das bedeutet allerdings auch, dass diese kleinen Leckermäuler fetthaltiges Futter bevorzugen und sich auch in der Heimtierhaltung schnell ein **ordentliches Fettpolster** anfuttern.

Da Sie Ihren als Heimtier gehaltenen Lemmingen natürlich auch im Winter eine große Auswahl an verschiedenen Futtermitteln zur Verfügung stellen und ein ganzjähriges, zu ausgeprägtes Fettpolster nicht gesund ist, müssen Sie darauf achten, dass Ihre Schützlinge nicht übermäßig rund werden. Auch **hohe Zuckermengen** im Futter bereiten den Lemmingen Probleme. Bekommen sie regelmäßig viel Zucker zugeführt, steigt ihr Blutzuckerspiegel dauerhaft an, was zu diabetesähnlichen Symptomen führt.

Tischmanieren

Es macht großen Spaß, Lemmingen bei der Futtersuche und beim Fressen zuzuschauen. Flink durchsuchen sie ihr Revier nach Fressbarem, dabei eng am Boden laufend und die kleine

Süßes ist tabu!

Steppenlemminge, die Süßigkeiten in Form von Obst und Leckerlis aus dem Zoofachhandel bekommen, leiden nicht selten unter Augenproblemen, Nierenschäden und massiven Stresssymptomen. Ihre Nahrung sollte also in erster Linie aus Kräutern, Gräsern, Grünfutter und wenigen Samen bestehen.

Ein Gänseblümchen ist für so einen kleinen Lemming eine ganze Mahlzeit.

Nase immer in Bewegung, wird jeder Winkel durchforstet. Ist dann ein Leckerbissen gefunden, wird dieser nicht selten gleich an Ort und Stelle verzehrt. Da Steppenlemminge nur ein sehr kleines Maul haben, ihr Appetit aber recht groß ist, kauen sie vor allem ihr Lieblingsfutter mit weit geöffnetem Mäulchen, und wenn Sie genau hinhören, können Sie sie schmatzen hören.

Körnchen in der Pfote

Wie viele andere Nager auch, halten Lemminge ihr Futter in den Vorderpfoten. Geschickt wird der Grassamen in die richtige Position gedreht, um ihn genau an der Spitze aufzunagen. Besonders gierige Gesellen halten oft auch schon das nächste Körnchen in der einen Pfote, während sie noch mit der Hirse aus der anderen Pfote beschäftigt sind. Wenn ein Lemming ein besonders leckeres Futterstück in der Hand hält, versucht sein Mitbewohner vielleicht, es mit der Pfote wegzunehmen.

Sitzen im Futternapf

Des Steppenlemmings liebste Beschäftigung: im Futternapf sitzen und sich den Bauch vollschlagen. Ist der Napf groß genug, werden Sie das mit Sicherheit erleben. Das sieht natürlich besonders entzückend aus, ist aber unhygienisch. Deshalb sollten die Näpfe nie zu voll gefüllt sein und ein Teil des Futters im Gehege verteilt werden, damit die Tiere sich bei der Futtersuche bewegen müssen. Kleine Futternäpfe, wo die Lemminge nicht hineinpassen, sind ebenfalls eine gute Idee.

Grundfutter

Als Grundfutter werden die **trockenen Futterbestandteile** bezeichnet. Es handelt sich also um Trockenfutter, das auch Fertig- oder Alleinfutter genannt wird. Das Grundfutter besteht im Wesentlichen aus drei verschiedenen Futterarten: 1. Heu, 2. Samen und Getreide, 3. getrock-

Feine Tischmanieren: Lemminge halten ihr Futter in den Pfoten fest.

netem Grünfutter und Gemüse. Das Grundfutter versorgt die Lemminge mit allen benötigten Nährstoffen. Es sollte aus vielen verschiedenen Komponenten bestehen, um den Tieren einen gesunden und abwechslungsreichen Futterplan zu bieten (siehe Seite 68).

Heu

Das gesündeste und natürlichste Nahrungsmittel für Steppenlemminge wäre eine schöne Kräuterwiese, da Kräuter und Gras viele der von den Nagern benötigten Nährstoffe enthalten. Als Alternative in der Heimtierhaltung ist es wichtig, den Lemmingen getrocknete Wiese in Form von Heu anzubieten. Im Heu finden sich viele Gräser und Kräuter, die von Tieren gern verzehrt werden, und der **hohe Rohfaseranteil** sorgt für eine geregelte Darmtätigkeit. Empfehlenswert ist Heu des ersten Schnitts, idealerweise ab Juni geerntet, da dieses Heu mehr Rohfaser und Nährstoffe enthält als das des zweiten Schnitts. Eine Mischung aus erstem und zweitem Schnitt ist ebenfalls günstig. Heu wird von den Lemmingen nicht nur gern gefressen, sondern auch zum Nestbau verwendet.

Getreide und Samen

Das Grundfutter für Steppenlemminge sollte aus etwa **30–40 % Kleinsämereien** bestehen. Dazu gehören verschiedene Gras- und Kräutersamen, Hirse sowie Ölsamen. Letztere sollten wegen ihres extrem hohen Fettanteils nur einen geringen Anteil der Mischung ausmachen. Geeignete, fertige Kleinsämereienmischungen gibt es im Zoofachhandel als Wellensittichfutter. Dazu wird Getreide in ebenfalls in kleinen Mengen angeboten, z.B. **Fünf-Korn-Getreidemischungen** aus dem Reformhaus oder Mischungen mit Spelz aus dem Zoofachhandel.

Trockengemüse

Ein wichtiger Bestandteil des Trockenfutters ist das Trockengemüse. Vor allem getrocknetes **Knollengemüse**, wie Möhren, Pastinaken und Petersilienwurzel, darf in keiner Futtermischung fehlen. Als Leckerchen dürfen auch gelegentlich Erbsenflocken

In einem so reichhaltig mit Grünfutter und Gemüse gefülltem Futternapf fühlt sich jeder Lemming wohl.

(getrocknete und gepresste Erbsen) oder zuckerfreie Corn Flakes angeboten werden. Trockengemüse wird von manchen Steppenlemmingen sogar dem frischen Gemüse vorgezogen, gern gebunkert und ist vor allem im Winter ein hochwertiges Beifutter.

Getrocknetes Grünfutter

Getrocknetes Grünfutter bezeichnet alle getrockneten Pflanzenteile. Diese machen einen **großen Teil** des Trockenfutters aus. Verschiedene getrocknete Küchenkräuter, Wildkräuter, Blätter von Bäumen und Sträuchern, Gräser und Blüten werden gemischt täglich angeboten.

Rezept für eine Futtermischung

Ein Rezept für ein wirklich perfektes Steppenlemmingfutter gibt es nicht, aber es gibt verschiedene Möglichkeiten, die Steppenlemminge gesund zu ernähren. Eine Mischung aus **40 % Kleinsämereien, 10 % Getreide** und **50 % Trockengemüse** kann täglich in kleinen Mengen gegeben werden. Benötigt wird für zwei Tiere etwa ein halber Teelöffel. Dazu wird täglich ein gehäufter Teelöffel von der getrockneten Grünfuttermischung gereicht.

Zuchttiere und **Jungtiere** im Wachstum benötigen oft mehr Grundfutter. Es ist sinnvoll, wenn Sie regelmäßig anhand des Verbrauchs und der Gewichtsentwicklung der Lemminge prüfen, ob die Tiere genug Futter bekommen. Sind sie sehr schlank, können sie mehr Getreide und Sämereien bekommen. Sind die Lemminge etwas zu rund, können Sie Getreide und Sämereien reduzieren und stattdessen mehr Trockenkräuter und Frischfutter reichen.

Alternative Fertigfutter

Im Fachhandel werden mittlerweile verschiedene Futtermittel für Steppenlemminge angeboten. Diese können ebenfalls als Grundfutter gereicht werden, sollten aber vorab gründlich auf ihre Inhaltsstoffe überprüft werden. So sollte z.B. bei den Analysewerten auf der Packung der Fettgehalt nicht mehr als acht Prozent betragen. Manche Fertigfuttermischungen enthalten zu viel Getreide und zu wenig Kräuter.

Hochwertige Fertigfutter: Ein hochwertiges Futter für Steppenlemminge enthält verschiedene Kleinsämereien, Trockengemüse und einen sehr hohen Anteil getrocknetes Grünfutter. Beim Öffnen der Verpackung sollte auf jeden Fall die Farbe Grün im Futter vorherrschen. Es ist nur wenig Getreide enthalten: pro Teelöffel sind nicht mehr als zwei bis drei Getreidekörner zu finden.

Einpelletfutter: Als Alleinfuttermittel werden auch teilweise Produkte angeboten, die nur aus einer Sorte Pellets (gepresstem Futter) bestehen. Diese Futtermittel sind für Lemminge nicht zu empfehlen, da sie den Tieren keinerlei Abwechslung bieten und die Pellets häufig aus minderwertigen Inhaltsstoffen bestehen, sie meist Zucker (auch in Form von Melasse) enthalten und Vitamine und Mineralien nur künstlich zugesetzt sind.

Leckerchen

Nüsse, Sonnenblumenkerne oder andere stark fetthaltige Bestandteile gehören nicht zum normalen Steppenlemmingfutter. Diese Leckerchen können zwar ebenfalls angeboten werden, aber nur sehr streng rationiert und am besten **nur aus der**

Hand. So können Sie gut kontrollieren, wie viele Leckerchen jeder einzelne Steppenlemming bekommt und es wird kein Tier überfüttert. Ein Viertel Nuss oder ein Kern einmal pro Woche pro Tier sind das Maximum. Gegeben werden können: Sonnenblumenkerne, Erdnüsse, Pinienkerne, Haselnüsse, Macadamia, Walnüsse, Pecannüsse und Kürbiskerne. Mandeln dürfen wegen des für kleine Tiere gesundheitschädlichem Blausäuregehaltes nicht angeboten werden.

Keimfutter

Ein hochwertiges Steppenlemmingfutter sollte keimfähige Samen enthalten. Zum Testen, ob die Samen keimfähig sind, können Sie Getreidekörner, Gras- und Kräutersamen aus dem Futter heraussuchen. Spülen Sie diese gründlich mit Wasser ab lassen Sie sie etwa für acht Stunden in Wasser quellen. Spülen Sie die Samen anschließend ab und streuen Sie sie auf ein feuchtes Küchenpapier. Halten Sie das Küchenpapier feucht, dann sollten die Samen innerhalb von 48 Stunden keimen.

Die Keime dürfen Sie nach dem Test an die Lemminge verfüttern: allerdings nur frisch, schimmelfrei und nur zwei bis drei Keime pro Tier. Bedauerlicherweise keimen genetisch bedingt manche Getreidekörner nicht mehr, **Biogetreide** sollte aber keimfähig sein. Bieten Sie Ihren Lemmingen nach Möglichkeit regelmäßig frische Keime an.

Grünfutter

Ihre Lemminge sollten täglich eine kleine Auswahl frischen Grünfutters bekommen. Unter dem Begriff „Grünfutter“ werden Kräuter, Gräser sowie Blüten und alle grünen Pflanzenteile von Bäumen, Sträuchern und Kulturpflanzen zusammengefasst.

Futter sammeln

Wenn Sie die Möglichkeit haben, sollten Sie im Sommer täglich frisch gepflücktes Grünfutter anbieten. Nach langsamer Gewöhnung (siehe Seite 66) kann gemischtes Grünfutter zur freien Aufnahme angeboten werden.

Hochwertiges Futter für Ihre Lemminge finden Sie auf **Wildwiesen**.

Genüsslich schmatzend verspeist der kleine Lemming die getrocknete Möhrenscheibe.

Frische Kräuter sind bei Lemmingen besonders beliebt, da kann keiner widerstehen.

Erkundigen Sie sich bei umliegenden Bauernhöfen, ob es zum Hof gehörende, ungedüngte Wiesen gibt, wo Sie ein wenig Futter für Ihre Tiere pflücken dürfen. Häufig gibt es an Ortsrändern wilde Wiesen, wo pflücken erlaubt ist. Hunde sind dort oft nur am Wegesrand unterwegs, gehen Sie also tiefer in die Wiese hinein und pflücken Sie dort. Achten Sie ebenfalls darauf, dass **keine Parasiten**, z.B. Zecken, im Grünfutter sind und sammeln Sie nur ungiftige Pflanzen. Wenn Sie sich bei einer Pflanze bezüglich ihrer Unbedenklichkeit unsicher sind, gehört sie nicht in den Futtersammelbeutel. Nehmen Sie dann nur eine Probe mit nach Hause, um dort Mithilfe eines Pflanzenlexikons und des Internets die Pflanze genauer zu bestimmen.

Gräser und Kräuter, welche direkt am Wegesrand wachsen, sollten, auch wenn sie gut aussehen, aus mehreren Gründen nicht gesammelt werden:

- **An Feldrändern** wachsen Löwenzahn und Co. meist nur so gut, weil sie vom Dünger auf den landwirtschaftlich genutzten Flächen profitieren.
- **In der Stadt** wachsen Gras und Kräuter am Rande von Wiesen und Grundstücken gut, weil die Hunde dort kräftig mitdüngen. Das führt dazu, dass die Gräser und Kräuter zu nitrathaltig sind, und durch die Ausscheidungen der Hunde könnten Krankheiten übertragen werden.
- **Direkt an Straßenrändern** sind die lecker aussehenden Futterpflanzen für gewöhnlich jeder Menge Autoabgasen ausgeliefert und auch gründliches Abwaschen befreit dieses Grün nicht von den Schadstoffen.

Blätter

Besonders beliebt sind bei Lemmingen Blätter von verschiedenen Bäumen und Büschen (siehe Seite 62). Es sollte allerdings **kein abgefallenes Laub** verfüttert werden, da dieses oft schon kurze Zeit, nachdem es am Boden liegt, schimmelt und Pilzsporen enthält. Pflücken Sie frische Blätter und sammeln Sie im Herbst das Laub direkt vom Baum – dieses können Sie frisch oder gut durchgetrocknet anbieten.

Grünes aus dem Supermarkt

Auch Stadtmenschen ohne Naturanbindung können so einiges an Grünfutter im Supermarkt finden. Vor allem Kohlrabiblätter, Möhrengrün, Fenchelgrün und anderes Grün von Kulturpflanzen wird von den Steppenlemmingen gern genommen. Verfüttern Sie aber nicht die matschigen Reste aus der Grünfuttertonne, unsere Steppenlemminge sind keine Abfalleimer. Achten Sie bei Grünpflanzen aus dem Supermarkt darauf, dass sie **frisch und sauber** sind und spülen Sie das Futter vor dem Verfüttern gründlich ab. Nasses Grünfutter darf allerdings nicht verfüttert werden, trocknen Sie es vor dem Verfüttern in einer Salatschleuder oder tupfen Sie es mit einem Küchentuch trocken.

Die Wiese auf der Fensterbank

Damit Ihren Steppenlemmingen jederzeit frisches Grün zur Verfügung steht, können Sie ganzjährig kleine Graswiesen auf der Fensterbank ziehen. Für größere Mengen eignen sich kleine **Balkonkästen** sehr gut. Sollen regelmäßig kleine Schalen zum Abweiden in das Gehege gestellt werden, können Sie dafür **Tonuntersetzer** für Blumentöpfe verwenden. Die kleinen Wiesen dürfen allerdings nur dann ins Gehege gestellt werden, wenn die verwendete Erde wirklich ungedüngt ist (siehe Seite 44).

Auf die Erde wird die verfütterte Gras- und Kleinsämereienmischung, welche die Steppenlemminge auch als Grundfutter bekommen, gestreut und dann angefeuchtet. Wird die Erde gut feucht gehalten, wächst dort innerhalb von zwei bis drei Wochen eine kleine Wiese. Das Grün von diesen selbst gezogenen Wiesen können Sie einfach mit einer Schere abschneiden und anbieten, es wächst dann schön kräftig nach. Es ist ebenso möglich, verschiedene Getreidesorten, wie Hafer, Gerste oder Hirse auszusäen, auch Katzengras ist geeignet.

Gemüse

Zusätzlich zum Grünfutter erhalten Steppenlemminge täglich frisches Gemüse. Geeignet sind vor allem **Knollen- und Wurzelgemüse** wie Möhren, Pastinaken und Petersilienwurzel. Eher selten sollten Salate auf dem Speiseplan stehen, denn die

Kleine Wiesen bieten den Lemmingen frisches Grün und interessante Abwechslung.

meisten Salatsorten enthalten viel Nitrat und wenig Vitamine. Werden zu große Mengen Salat verfüttert, kann es bei den Steppenlemmingen zu Aufgasungen im Verdauungstrakt und Durchfall kommen. Da auch geringe Spritzmittelmengen bei den kleinen Nagern zu Krankheiten führen können, sollten Sie auf **Bioprodukte** zurückgreifen. Vor dem Verfüttern muss das Gemüse gründlich abgewaschen, harte Schalen abgeschält und die äußeren Blätter von Salaten entfernt werden. Bereiten Sie das Futter für die Steppenlemminge genauso gründlich zu wie Ihre Mahlzeiten: Gemüsereste, faules, schimmeliges oder welkes Gemüse dürfen nicht verfüttert werden.

Täglich Gemüse füttern

Jeden Tag sollten mindestens **zwei bis drei Gemüsesorten** auf dem Speiseplan stehen, dabei darf auch gern ein wenig variiert werden. Da die Hauptaktivitätszeit der Steppenlemminge **in den Abendstunden** liegt, wird das Gemüse am Abend gereicht. Es ist vor allem bei großen Gruppen sinnvoll, das Gemüse dabei in viele kleine Stückchen zu schneiden, so hat jeder Steppenlemming die Möglichkeit sich ein gutes Stück zu ergattern.

Manche Steppenlemminge tragen allerdings ihr Frischfutter ins Nest um es zu bunkern, beliebt sind dafür vor allem Möhrenstückchen. Dies kann schnell unhygienisch werden, deswegen muss verderbliches Futter regelmäßig, am besten täglich, aus dem Nest entfernt werden. Das wiederum mögen die Steppenlemminge gar nicht und deshalb ist es in so einem Fall sinnvoll, das Frischfutter auf einem Futterspieß anzubieten (siehe Seite 46).

Kohlgewächse

Grundsätzlich sollten Kohlgewächse nur selten auf dem Speiseplan stehen. Auf Hartkohlsorten wie Rotkohl, Weißkohl, Rosenkohl und auch Wirsing muss ganz verzichtet werden, diese führen zu einer starkem **Gasbildung im Darm**. Andere Kohlarten sind leichter zu verdauen, wie Chinakohl, Kohlrabi, Grünkohl, Broccoli, Blumenkohl und Romanesko. Sie enthalten viele sekundären Pflanzenstoffe, Vitamine, Mineralien und Spurenelemente und dürfen durchaus in geringen Mengen gegeben

Diese Möhre würde der kleine Lemming sicher am liebsten ganz für sich allein behalten.

Getrocknete Pflanzenstängel sind eine gesunde Knabberkost.

werden. Zwar führen auch diese Futtermittel, ebenso wie viele andere Frischfutter- und Grünfuttersorten, mitunter zu einer leichten Gasbildung im Darm, aber bei einem gesunden Tier führt das nicht zu Schaumbildung im Darm, welche die Ursache für schmerzhaften Blähungen ist. Bei einer abwechslungsreichen Gemüsefütterung können ruhig jeden dritten Tag auch kleine Kohlstückchen angeboten werden.

Obst

Obst, wie Äpfel, Beeren und Birnen, muss als absolutes Leckerchen angesehen werden und darf aufgrund des hohen Zuckergehaltes nur selten und **in sehr kleinen Mengen** angeboten werden. Wird zu häufig Obst verfüttert, kommt es zu einem dauerhaft hohen Blutzuckerspiegel und zu den vorab erwähnten diabetesähnlichen Symptomen. Ein fingernagelgroßes Stück Obst für eine Gruppe, nicht öfter als einmal die Woche, ist hingegen eine unbedenkliche Leckerei. Trockenobst und Steinobst dürfen wegen des hohen Zuckergehaltes nicht verfüttert werden.

Zahnpflege

Als Beschäftigungsfutter und zum **Abnutzen der Schneidezähne** benötigen Steppenlemminge frische Zweige zum Benagen. Die Blätter der Zweige sind ein beliebtes und gesundes Futter und dürfen frisch und auch getrocknet angeboten werden. Selbstverständlich werden den Tieren nur **Äste von ungespritzten Bäumen und Sträuchern** gereicht. Die Äste und Blätter werden vor dem Verfüttern gründlich gewaschen und getrocknet. Befindet sich Vogelkot auf den Ästen, ist von dem Verfüttern ganz abzusehen.

Geeignete Bäume und Sträucher

Gut geeignet sind vor allem **Kernobstbaumzweige**, z. B. die Zweige von Apfelbäumen, Birnbäumen und Quitte, ebenso Pappel- oder Weidenbäume. In geringen Mengen dürfen auch Zweige von **Steinobstbäumen** wie Kirsche und Pflaume angeboten werden. Da deren Holz allerdings einen hohen Anteil an Harzen und ätherischen Ölen aufweist, sollten sie eher selten auf dem Speiseplan stehen, auf Pfirsichbaumblätter muss verzichtet werden.

Zweige von Tannen und anderen **Nadelbäumen** dürfen nicht gegeben werden. Die Harze und ätherischen Öle sind schädlich für Lemminge. Thuja und Eibe sind giftig. Kastanie und Eiche enthalten arzneilich wirksame Bestandteile und sollten nicht angeboten werden.

Futterpflanzen und Eiweißfutter

	Gemüse	Kräuter	Blätter und Blüten	Samen und Getreide
Gesundes Futtermittel, häufig geben	Fenchelknollen Gurken, Schlangengurken Kürbis Löwenzahnwurzel Möhren, Karotten (mit Grün) Pastinaken Paprika (rot, gelb, grün) Petersilienwurzel Schwarzwurzel Knollen- und Stangensellerie Steckrübe, Kohlrübe Topinambur (Knolle und Grün) Zucchini Zuckermais (Kolben)	Basilikum Beifuß Dill Giersch Golliwoog Gras Grüner Hafer Grüner Weizen Hirtentäschel Kamille Kerbel Löwenzahn Luzerne Melisse Moose Oregano Pfefferminze Schafgarbe Spitzwegerich Vogelmiere Wermut Wilde Malve	Apfelbaumblätter Birkenblätter Birnbaumblätter Brombeerblätter (nur ohne Stacheln) Gänseblümchen Haselnussblätter Heidelbeerblätter Johannisbeerblätter Kornblumen Lindenblüten Lindenblätter Ringelblumen Rosenblätter (nur aus dem eigenen Garten, ungespritzt) Sonnenblumenblüten	Buchweizen Emmerweizen Fenchelsamen Gerste Grassamen Hafer Hanf Hirse Kardi Löwenzahnsamen Mohn Negersaat Roggen Sesam
	Gemüse	**Obst**	**Kräuter**	**Eiweißfutter**
Selten geben	Broccoli Chicoree Eisbergsalat Endivien Feldsalat (Rapunzel, Nüssler) Kohlrabi Kopfsalat Rote Beete, Randen Rucola/ Rauke Stielmus	Äpfel Birnen Brombeeren Erdbeeren Himbeeren Kiwi Wassermelone	Beinwell Brennessel (nur getrocknet) Huflattich Klee (Gelbklee, Rotklee, Weißklee) Petersilie (nicht an tragende Tiere verfüttern) Salbei Sauerampfer	Bachflohkrebse Gammarus Garnelen Grillen Heimchen Hundekuchen Hüttenkäse Katzenleckerchen Magermilchjoghurt Mehlwürmer Quark Zophobas

Zweige, Blätter und Wurzeln verschiedener **Sträucher** runden das Zahnpflegeprogramm ab. Gut geeignet sind Johannisbeere, Heidelbeerbusch und Haselnussstrauch. Als besonderes Leckerchen können auch die Blüten mitverfüttert werden, die Beeren sollten nur selten und einzeln als Leckerchen gegeben werden.

Eiweißfutter

Lemminge ernähren sich zwar fast ausschließlich von Pflanzen, aber hin und wieder nehmen sie auch etwas tierische Nahrung auf. Wild lebende Steppenlemminge verzehren gelegentlich Käferlarven und auch **kleine Insekten**. Das Verfüttern von Eiweißfutter in kleinen Mengen beugt bei als Heimtier gehaltenen Lemmingen Mangelerscheinungen vor. Normalerweise reicht eine Eiweißmahlzeit pro Woche aus. Vor allem **Jungtiere** im Wachstum und Steppenlemminge in der Zucht benötigen etwas mehr Eiweißfutter, als Richtwert etwa doppelt so viel.

Mehlwürmer

Besonders gut geeignet zur Proteinversorgung der Steppenlemminge sind Mehlwürmer. Dabei handelt es sich um die **Larven des Mehlkäfers** (*Tenebrio molitor*). Frisch geschlüpft sind sie 2–3 mm groß und weiß. Sie wachsen bei gutem Futterangebot und bei Wärme schnell, häuten sich dabei mehrmals, werden mit der Zeit gelblichbraun und können gut 2–3 cm lang werden. Wenn wenig Futter angeboten wird und sie kühl stehen, entwickeln sie sich langsam – so können sie bis zu einem Jahr Larven bleiben. Bei guten Bedingungen entwickeln sie sich innerhalb von etwa drei Monaten zu Käfern.

Als sinnvoll hat sie die **Unterbringung** in einem kleinen Terrarium oder Faunarium erwiesen. Da die Würmchen an den glatten Wänden nicht hochkommen, ist ein Deckel nicht erforderlich. Wird ein Deckel verwendet, muss dieser natürlich Luftlöcher aufweisen. Der Boden des Faunariums wird mit Mehl, Haferflocken, Gries, Paniermehl und Kleie bedeckt, das ist hochwertiges Futter für Mehlwürmer, die direkt in ihrem Futter leben.

Die **Besatzdichte** sollte nicht zu hoch sein, sonst wird es zu feucht im Faunarium und es bildet sich Schimmel. Alle zwei bis drei Wochen wird das Faunarium gründlich **gereinigt**, altes Futter entsorgt und neu eingestreut. Um den Mehlwürmern Feuchtigkeit und Vitamine zuzuführen, bekommen sie Salatblätter, Gurkenstückchen, Grünfutter und Gemüse. Das **Feuchtfutter** muss regelmäßig erneuert werden, um Schimmelbildung vorzubeugen.

Beim **Verfüttern** der Mehlwürmer ist darauf zu achten, dass sie unverzüglich verzehrt werden. Sie werden entweder direkt aus der Hand gefüttert oder in einem kleinen Behälter mit Sand angeboten, damit die Lemminge sie jagen können. Die Mehlwürmer sollten aus dem Behälter nicht entkommen können, damit sie nicht im Lemminggehege neue Populationen gründen.

Alternatives Eiweißfutter

Verständlicherweise möchte nicht jeder Steppenlemminghalter auch gleich noch eine Mehlwurmzucht anfangen. Ersatzweise kann den Nagern auch andere tierische Nahrung gegeben werden. Gut geeignet ist verarbeitete Milch in Form verschiedener Milchprodukte wie **Magerquark**, salzfreiem **Hüttenkäse** und **Magermilchjoghurt**. Ein gestrichener Teelöffel pro Woche für zwei Lemminge reicht aus, zu viel führt zu Durchfall. Milch in reiner Form darf nicht angeboten werden, Lemminge haben eine Lactose-Intoleranz: Der Milchzucker führt zu Durchfall.

Wasser ist wichtig

Grundsätzlich muss immer frisches Wasser zur freien Aufnahme im Gehege zur Verfügung stehen. Steppenbewohner, und damit auch der graue Steppenlemming, trinken normalerweise wenig und nehmen den größten Teil ihrer benötigten Flüssigkeitsmenge über Grünfutter und Tau auf. Allerdings können besondere Umstände den Flüssigkeitsbedarf erhöhen, trockene Heizungsluft, heiße Sommertage, Stress bei Rangstreitigkeiten und auch beginnende Infektionen dafür sorgen, dass der Wasserbedarf sich erhöht und nicht mehr mit dem Grünfutter gedeckt werden kann. Steht dann kein Trinkwasser zur Verfügung, kommt es schnell zu einer lebensbedrohlichen Austrocknung. Auch wenn das Wasser nicht verbraucht wurde oder der Napf noch sauber und unberührt aussieht ist es notwendig, **täglich** frisches Wasser anzubieten. Lemminge trinken gern aus dem Napf (siehe Seite 45) und häufig führt sie der erste Weg nach dem Aufstehen dorthin.

In Deutschland ist für die Wasserversorgung der Lemminge vor allem das normale **Leitungswasser** geeignet. Allerdings nur, wenn es weich bis mittelhart ist. Auf nitratarmes Tafelwasser oder kohlensäurefreies Mineralwasser muss nur zurückgegriffen werden, wenn das Leitungswasser z.B. wegen alter Rohre stark verschmutzt oder belastet ist oder vom Wasserwerk als „hart" eingestuft wird.

Sind Zusätze nötig?

Salzlecksteine sind bei gesund ernährten Steppenlemmingen überflüssig, Lemminge nehmen benötigte Salze und Mineralien über das Futter, vor allem über Kräuter auf. Salzlecksteine sind sogar mitunter gefährlich. Wenn die Lemminge aus Langeweile zu viel dran lecken oder sie sogar

Wasser ist für Lemminge überlebenswichtig und muss täglich frisch angeboten werden.

annagen, kann es zu einer Natriumchloridüberversorgung kommen, eine Folge wären Nierenprobleme, im schlimmsten Fall sogar Nierenversagen.

Steppenlemminge bekommen über Kräuter und Grünfutter genug Kalzium zugeführt. **Kalksteine** bestehen zum größten Teil aus Kalzium, nagen die Steppenlemminge aus Langeweile oder weil passendes Nagematerial fehlt zu häufig daran, führt das zu einer zu hohen Kalziumresorption und zu einem Kalzium-Phosphorungleichgewicht im Mineralstoffwechsel, was zu Harnsteinbildung und zu Organverkalkung führen kann.

Eine **zusätzliche Vitamingabe** ist bei artgerecht ernährten und gesunden Lemmingen nicht nötig. Eine Vitaminüberversorgung kann sogar schädlich sein. Vitamintropfen, die in das Wasser gegeben werden, sind schlecht zu dosieren und lassen das Wasser gerade im Sommer schnell „umkippen“: Bakterien können sich ausbreiten und so macht vitaminversetztes Wasser die Tiere mitunter sogar krank.

Vorsicht: ungesund!

In der Küche, im Garten und im Supermarkt gibt es verschiedene Pflanzen, die für Steppenlemminge ausgesprochen ungesund sind. Manche davon sind für Menschen gut verträglich, können aber beim Lemming zu Krankheiten führen.

Schwer verträglich

Zwiebelgewächse wie Schnittlauch, Bärlauch, Knoblauch und Zwiebeln enthalten Sulfide (schwefelhaltige Verbindungen), die Schleimhaut-reizend wirken. Vor allem Schnittlauch und Bärlauch, aber auch Knoblauch enthalten Alliin. Dieses wird im Körper in Allicin ungewandelt, welches massiv die Schleimhäute reizt bis hin zur extremen Schwellung der Mundschleimhäute und massiven Reizungen auch der Augen- und Nasenschleimhäute. Deshalb sollte auf Zwiebelgewächse verzichtet werden. **Hülsenfrüchte** (Linsen, Erbsen, Bohnen) können roh zu Aufgasungen im Darm führen, frische Süßerbsenschoten werden hingegen vertragen. **Rohe Kartoffeln** enthalten schlecht verdauliche Stärke, die grünen Stellen, Triebe und das Grün sind giftig. **Rettich** und **Rhabarber** sind schwach giftig und somit unverträglich. **Auberginen** enthalten sehr viel Solanin (ein toxisches Alkaloid) und sollten nicht verfüttert werden. **Tomatenpflanzen** und grüne Stellen der Früchte sind durch das enthaltene Solanin ebenfalls unverträglich. Da es in der Vergangenheit unerklärliche Todesfälle bei Steppenlemmingen nach dem Verzehr von reifen Tomaten gab, ist von einem Verfüttern von Tomaten komplett abzusehen. **Altes, hartes Brot** ist ebenfalls ungesund. Häufig wird dazu geraten, Kleintieren hartes Brot zur Zahnpflege anzubieten. Allerdings ist das keineswegs unbedenk-

Den Tierarzt fragen

Im Falle einer Erkrankung kann es notwendig sein, den Lemmingen zusätzliche Vitamine oder Mineralien zuzuführen. Dies sollte aber nicht ohne ausführliche Beratung durch einen Tierarzt und niemals ohne tierärztliche Anweisung geschehen.

lich: Brot enthält häufig Konservierungsstoffe und Backtriebmittel. Des Weiteren findet sich auf altem Brot oft Schimmel, der mit bloßem Auge nicht zu erkennen ist. Brot sorgt durch den hohen Stärkegehalt bei übermäßiger Fütterung für Übergewicht. Es sollte deshalb nicht verfüttert werden.

Im Fachhandel werden unterschiedliche **Leckerchen** für Kleintiere angeboten. Allerdings enthalten diese Knabbereien fast immer Zucker, Honig, Melasse und Fett und sind daher für Lemminge ausgesprochen ungesund. Das gern als Leckerchen angebotene **Johannisbrot** ist wegen seines extrem hohen Zucker- und Fettgehaltes ebenfalls für Lemminge ungeeignet.

Giftig!

Folgende Pflanzen sind giftig:

Agave, Aloe Vera, Alpenveilchen, Amaryllis, Anthurie, Aronstab, Azalee, Bärenklau, Bärlauch, Berglorbeer, Bilsenkraut, Bingelkraut, Bittersüßer Nachtschatten, Blauregen, Bocksdorn, Bohnen, Buchsbaum, Buschwindröschen, Christrose, Christusdorn, Efeu, Eibengewächse, Einblatt, Eisenhut, Essigbaum, Farne, Fensterblatt, Fingerhut, Geranien, Ginster, Goldregen, Gundermann, Hahnenfuß, Heckenkirsche, Herbstzeitlose, Holunder, Hundspetersilie, Hyazinthe, Ilex, Jakobsgreiskraut, Kalla, Kartoffelkraut, Kirschlorbeer, Lebensbaum, Liguster, Lilien, Lupine, Maiglöckchen, Mistel, Narzissen, Oleander, Osterglocke, Rebendolde, Robinie, Sadebaum, Schachtelhalm, Schierling, Schneebeere, Schneeglöckchen, Schöllkraut, Seidelbast, Sommerflieder, Stechapfel, Tollkirsche, Wacholder, Wolfsmilchgewächse, Zypressenwolfsmilch.

Futterumstellung

Vor allem nach dem Umzug vom Züchter in ein neues Zuhause müssen Lemminge schrittweise an **neue Grundfuttermischungen** gewöhnt werden, wenn sie bei Ihnen ein anderes Futter als beim Züchter bekommen sollen. Aus diesem Grund sollten Sie beim Kauf der Tiere auch das gewohnte Grundfutter kaufen. Die Tiere sollten erst einmal das gewohnte Futter weiter bekommen, bis sie den Stress des Umzuges überwunden haben. Eine Woche nach dem Umzug wird dann das gewohnte Futter schrittweise

Im sicheren Versteck wird die Kolbenhirse schnell auseinandergenommen.

mit dem neuen Futter vermischt. Langsam wird der Anteil des neuen Futters in der Trockenfuttermischung erhöht, sodass nach etwa vier Wochen nur noch das neue Futter gegeben wird.

Auch an **neues Grünfutter** sollten die Tiere langsam herangeführt werden, um Verdauungsbeschwerden vorzubeugen. Beim Kauf neuer Tiere sollten Sie sich auch informieren, welche Gemüse- und Grünfuttersorten die Lemminge gewohnt sind. Geben Sie den Tieren von neuen Gemüsesorten immer nur ein fingernagelgroßes Stück pro Gruppe und verfüttern Sie größere Mengen erst, wenn dieses gut vertragen wurde.

Die langsame Umstellung ist auch im Frühjahr wichtig, wenn es wieder **frisches Grün von der Wiese** gibt. Bieten Sie anfangs nur in kleine Mengen an: Einige Grashalme und zwei bis drei Kräuterstängel reichen pro Gruppe aus. Diese Menge wird langsam gesteigert und nach zwei Wochen Gewöhnung kann Grünfutter von der Wiese unbegrenzt zur Verfügung gestellt werden.

Erlebnisfutter

Da Futter und die Suche nach Nahrung elementare Bestandteile eines Lemminglebens sind, können die Tiere am besten mit Futter zur Bewegung angeregt werden.

Füttern ohne Napf

Erwachsenen Lemmingen muss das Grundfutter nicht im Futternapf angeboten werden. Lediglich **in den ersten Tagen** nach dem Einzug der Tiere sollten Sie das Grundfutter im Napf anbieten, damit Sie den Verbrauch kontrollieren können. Sind die Tiere im Wachstum, wird das Grundfutter im Napf angeboten, bis sie ausgewachsen sind.

Anschließend kann das Futter **im Gehege verstreut** werden: anfangs am besten nur auf der Etage, damit Sie überprüfen können, ob es auch gesucht und gefunden wird. Vor allem Kleinsämereien sollten vorwiegend auf Etagen und in abgetrennten Bereichen verstreut werden. Trockenkräuter können und sollten überall im Gehege verteilt werden.

Futterstein

Vor allem Getreide und Trockengemüse können gut in einem sogenannten Futterstein versteckt

Ungewohntes Grünfutter wird in kleinen Mengen angefüttert.

Sind die Lemminge das frische Grün gewöhnt, darf es gern täglich ein gut gefüllter Napf sein.

Die Futterverstecke in den Pappröhren sind schnell gefunden und anschließend werden auch die Röhren gleich mit zernagt.

Futterplan für 2 Steppenlemminge	
Täglich	½ Teelöffel Grundfutter (Sämereien und Trockengemüse) 1 Teelöffel Trockenkräuter-/blütenmischung 3–4 Sorten frisches Gemüse Grünfutter nach Bedarf Frisches Wasser
Alle 2–3 Tage	Eine Handvoll frisches Heu
1 x in der Woche	Ein Stückchen Nuss (siehe Seite 57) Ein Mehlwurm oder anderes Eiweißfutter
Alle 2–3 Wochen	Ein kleines Stück Obst
Alle 4 Wochen	Frische Zweige und Stroh

werden. Dazu dient ein handelsüblicher **Ziegelstein** mit Löchern. Dieser wird so ins Gehege gestellt, dass er nicht umfallen kann und die Lemminge überall gut heran kommen können. Dann werden die Löcher **mit Leckerbissen bestückt** und die Tiere müssen in den Löchern ihr Futter suchen.

Gemüsebaum

Zweige können in ein Stück Ton gesteckt werden. Nach dem Trocknen des Tons wird dieser kleine Baum in das Gehege gestellt und auf die Zweige werden **Gemüsestückchen gesteckt**. Die Zweige sollten natürlich nicht zu hoch sein, die Lemminge müssen alles erreichen können.

Futterversteck

Leere Küchenpapierrollen oder andere, saubere **Papprollen** eignen sich gut als Versteck für Leckerchen. In die Mitte der Rolle wird ein wenig Futter gegeben, dann werden von einer Seite einige Stückchen Taschentuch oder Toilettenpapier gesteckt, von der anderen Seite wird Heu in die Röhre gestopft. Die Lemminge brauchen eine ganze Weile, um an das Futter in der Mitte zu gelangen und gleichzeitig finden sie so auch ihr Nistmaterial.

Kleine Wiesen

Sehr beliebt bei Steppenlemmingen sind kleine Graswiesen (siehe Seite 59). Statt das geschnittene Gras anzubieten, können Sie die Pflanzschale **in das Gehege stellen**, wenn das Grün etwa 10 cm hoch steht. Die Lemminge können sich diese „kleinen Wiesen“ schmecken lassen und auseinander nehmen.

Rispen und Hirsen

Gelbe und rote Kolbenhirse ist bei Lemmingen sehr beliebt. Im Gehege aufgehängt, bietet eine Kolbenhirse den Nagern die Möglichkeit, sich ihr **Futter zu erarbeiten**. Auch Amaranthrispen und Getreideähren können gern angeboten werden. Natürlich dürfen die Kolben und Ripsen nicht zu hoch gehängt werden – idealerweise werden sie mit einer Klammer so am Gitter befestigt, dass die Kolben und Rispen im Gehege liegen, die Lemminge daran stehen können und sich die Kolben nicht bewegen. Mitunter wird so ein Kolben allerdings in einer Nacht zerlegt und gebunkert, dann müssen die Lemminge etwa eine Woche warten, bis sie den nächsten bekommen, denn zu viel davon macht dick.

Futter richtig aufbewahren

Damit das Futter lange frisch bleibt und seine Vitamine behält, muss es richtig gelagert werden.

Gemüse wird vorzugsweise im Kühlschrank aufbewahrt. Allerdings sollte auch hier die Lagerung nicht länger als eine Woche dauern, denn sonst wird das Gemüse im Kühlschrank welk, und schon nach einer Woche Kühlschranklagerung sind viele Vitamine verloren gegangen. Eingefrorenes Gemüse sollte auch aufgetaut nicht verfüttert werden.

Grundfutter, **Trockengemüse** und **Trockenkräuter** werden vorzugsweise in Keksdosen aus Blech oder Plastikboxen aufbewahrt. Allerdings darf die Box nicht ganz luftdicht verschlossen werden. Die Restfeuchte des Futters muss entweichen können, damit sich kein Schimmel bildet. Die Futterboxen sollten lichtundurchlässig sein, da manche Vitamine lichtempfindlich sind. Dünne Pappschachteln und Papiertüten eignen sich zur Aufbewahrung nicht, da diese nicht genug Schutz vor Schädlingen bieten. Grundsätzlich sollte Grundfutter nicht länger als 4 Monate aufbewahrt werden, denn auch hier gehen mit der Zeit die Vitamine verloren und fetthaltige Bestandteile des Futters werden mit der Zeit ranzig.

Futterschädlinge

Sie sollten das Futter vor dem Verfüttern immer gründlich prüfen, denn gerade im Sommer werden mitunter schon **Käferlarven** mitgekauft. **Motten** im Futter lassen sich häufig schon daran erkennen, dass Sie im Futter feine Fäden entdecken, ähnlich Staubfäden. Die Mottenlarven sind meist als weißliche, etwa 1 cm lange Würmchen zu erkennen. Gelegentlich sollten Sie die Futterdose schütteln und dann den Bodensatz gründlich anschauen – hier finden sich mitunter kleine Käferchen und andere Schädlinge. Ist das Futter befallen, müssen Sie es unverzüglich entsorgen.

Kolbenhirse ist ein beliebtes Beschäftigungsfutter.

Pflege und Gesundheit

Lemminge benötigen keine Körperpflege durch den Halter. Gesunde Lemminge halten ihr Fell selbst sauber, sie putzen es nach dem Aufstehen eifrig und mitunter putzen sich die Lemminge auch gegenseitig. Ihre Krallen halten die Tiere ebenfalls selbst kurz. Baden und Bürsten darf man Lemminge nicht, Körperpflege müssen Sie nur im Krankheitsfall leisten.

Lemminge mögen es sauber

Lemminge sind auch sonst recht saubere Tiere, sodass ihr Gehege selten gereinigt werden muss. Der Urin der Nager riecht für Menschen kaum unangenehm. Manche Lemminge legen sich sogar spezielle „Toilettenecken“ für den Urin- und Kotabsatz an.

Wie häufig reinigen?

Das komplette Säubern ihres Heimes empfinden Lemminge als **extrem stressend**. Sie legen sich in ihrem Heim Pfade und Duftspuren zur besseren Orientierung an. Bei einer kompletten Gehegereinigung gehen alle gelegten Duftspuren verloren und die Lemminge müssen sich wieder völlig neu orientieren und einrichten. Daher muss ein großes Gehege mit einer geringen Besatzdichte (ab 0,3 m^2 pro Tier) nur **etwa alle vier Wochen** komplett gereinigt werden. Noch sinnvoller ist es, immer nur einen Teil des Geheges zu reinigen: abwechselnd alle zwei Wochen eine Hälfte des Geheges. So behalten die Lemminge zumindest einen Teil ihrer Duftspuren.

Wie wird das Gehege gereinigt?

Die Reinigung beginnt damit, dass alle Lemminge samt Nest aus dem Gehege genommen werden und in der Transportbox oder im Auslauf warten müssen, bis ihr Gehege sauber ist. Es ist nicht ratsam, die stressanfälligen Tiere im Gehege zu lassen, während es gereinigt wird.

Wenn Sie wegen starker Verschmutzung das **komplette Gehege** reinigen, nehmen Sie die gesamte Einstreu heraus und waschen Boden und Seitenwände mit heißem Wasser ab, bei Bedarf können Sie unparfümiertes Seifenwasser oder Essigwasser verwenden. Auf chemische Reiniger muss verzichtet werden, diese reizen die empfindlichen Atemwege der Tiere. Putzen Sie dann das Gehege noch einmal mit klarem Wasser nach und trocknen Sie es mit einem Tuch gründlich ab. Bei leichter Verschmutzung reicht es, die Hälfte bzw. einen **Teil der Einstreu** auszuwechseln, ohne das Gehege mit Wasser zu reinigen.

Wenn das Gehege ganz trocken ist, geben können Sie **frische Einstreu**, neues Nistmaterial und Heuberge hineingeben und das Gehege wieder genauso einrichten, wie es vor dem Reinigen war. Dadurch können sich die Lemminge besser

Von manchen Lemminge wird ein sauberer Sandspielplatz gern angenommen.

Das frisch gereinigte Gehege wird sofort durchwühlt und Leckerbissen werden gleich verputzt.

orientieren und beruhigen sich schneller wieder.

Bevor die Lemminge zurück in ihr Gehege kommen, ist Zeit, einen gründlichen **Gesundheitscheck** vorzunehmen (siehe Seite 75).

Untersuchen Sie auch das entnommene **Nistmaterial**: verschmutztes wird entfernt, sauberes wieder angeboten.

Um die Lemminge ein wenig zu beruhigen, sollten Sie direkt nach der Reinigung **Futter** im Gehege verteilen. Wenn die Tiere in der Unordnung etwas zu fressen finden, fühlen sie sich sicherer.

Nun werden die Lemminge ihr frisch gereinigtes Gehege aufgeregt inspizieren. Sie gehen alle Wege ab, legen neue Duftspuren und es wird eine Weile dauern, bis sie sich beruhigen. Bei großen Gruppen wird nach der Reinigung so heftig markiert, dass sogar Menschen einen leichten Geruch wahrnehmen. Dieser Geruch verfliegt bald wieder und ist nur ein Zeichen von Stress. Wird allerdings das Gehege zu häufig gereinigt, riecht es mit der Zeit tatsächlich unangenehm, da die Lemminge verstärkt markieren und ihre Duftdrüsen entsprechend mehr Sekret ausstoßen.

Service-Check

Neben der Grundreinigung des Geheges sind natürlich noch viele andere Pflegearbeiten regelmäßig zu erledigen.

Täglich

- Futterschalen und Wassernapf gründlich reinigen. Dazu die Keramikschälchen mit heißem Wasser abspülen, bei starker Verschmutzung mit Geschirrspülmittel säubern, und dann mit klarem Wasser ausspülen und gründlich abtrocknen.
- Verschmutzte Einstreu der Toilettenecken mit einer kleinen Schau-

Neue Einrichtungsgegenstände

Wenn neue Einrichtungsgegenstände angeboten werden sollen, können Sie diese zwei bis drei Tage nach der Reinigung in das Gehege geben, um die Lemminge nicht zu überfordern.

fel entfernen und durch frische Einstreu ersetzen.
- Urinieren und koten die Lemminge überall im Gehege, muss jeden zweiten Tag die Einstreu an einer Stelle des Geheges ausgetauscht werden, damit wöchentlich jeder Teil des Geheges einmal gereinigt wird.
- Nest und Futtervorrat kontrollieren, gebunkertes Frischfutter entfernen. Trockenes Futter kann bis zur nächsten Grundreinigung des Geheges in der Vorratskammer verbleiben – ein kleiner Futtervorrat beruhigt die Lemminge.

Wöchentlich
- Laufrad gründlich reinigen, bei Bedarf auch häufiger.

Alle vier Wochen
- Komplettreinigung des Geheges.
- Verschmutzte Einrichtungsgegenstände reinigen. Dazu Holzteile mit heißem Wasser abspülen und auf der Heizung trocknen. Damit nicht zu viele Einrichtungsgegenstände gleichzeitig fehlen, werden die nicht stark verschmutzen im Wechsel alle drei bis vier Monate gereinigt oder doppelt angeschafft.

Saubere Etagen

Manche Lemminge koten und urinieren auf den Etagen in der Nähe des Futters. Dort können Sie Küchentücher auf die Etagen legen und bei Bedarf austauschen.

Gesundheitsvorsorge

Ein kranker Lemming zeigt seine beginnende Krankheit leider nicht sehr deutlich an. Er kommt weiterhin zum Futternapf und versucht am gesellschaftlichen Leben der Gruppe teilzunehmen. Dies sind normale Verhaltensweisen, das Tier muss fressen, um am Leben zu bleiben und die Gruppe bietet ihm Schutz. Es wird außerdem vermutet, dass die Tiere ihre Krankheit auch deshalb so deutlich verbergen, weil ein krankes Tier natürlich eine leichte Beute für Raubtiere ist.

Deswegen bleiben Krankheiten vor dem Halter meist lange verborgen. Häufig fallen sie erst dann auf, wenn sie schon so weit fortgeschritten sind, dass der Lemming **überdeutliche Anzeichen** für die Krankheit, wie eine sichtbare Gewichtsabnahme, Schwächezustände bis hin

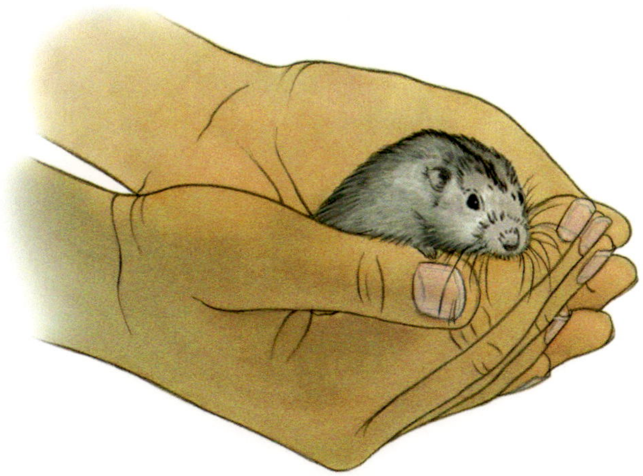

Bei zahmen Lemmingen wird der Gesundheitscheck auf der Hand durchgeführt.

zur Apathie, Verletzungen, massiven Durchfall und andere Zeichen zeigt. Für eine erfolgreiche Behandlung der Erkrankung ist es dann aber häufig schon zu spät. Aus diesem Grund ist es sehr wichtig, dass Sie Ihre Tiere **sehr genau beobachten**, um krankhafte Veränderungen rechtzeitig zu erkennen.

Sobald Sie ein Krankheitszeichen an den Tieren bemerken, ist unverzüglich ein **Tierarzt** aufzusuchen! Eine für den Menschen harmlose Erkrankung wie eine Erkältung oder Durchfall können beim Lemming innerhalb weniger Stunden zum Tod führen.

Kleiner Lemming-Check

Ein täglicher Gesundheitscheck ist nur schwer zu realisieren. Bei großen Gruppen sind die Tiere häufig zu unterschiedlichen Zeiten unterwegs und oft auch nur schwer auseinander zu halten, sodass Sie nie sicher sein können, nun alle oder immer die gleichen Lemminge gesehen zu haben. An manchen Tagen scheint sich kein einziger Lemming blicken zu lassen und manche der Nager halten sich ohnehin tagsüber am liebsten in ihren unterirdischen Bauten auf. Trotzdem sollten Sie versuchen, täglich alle Tiere einmal zu sehen. Achten Sie dabei auf folgende Punkte :

- Suchen die Lemminge **Futter**, kommen alle zur Fütterung und zum Frischfutternapf?
- Halten sie ihre üblichen **Wachphasen** ein und sind sie an ihrer Umgebung **interessiert**?
- **Bewegen** sie sich normal, humpeln sie nicht und sieht ihr **Fell** gesund aus?
- **Verhalten** sich die Lemminge ihren Artgenossen gegenüber normal und nehmen sie am sozialen Leben teil?
- Fallen vermehrt **Streitereien** zwischen den Lemmingen auf?

Kranke Lemminge verbringen die meiste Zeit im Nest.

Großer Lemming-Check

Um schwere Krankheiten rechtzeitig zu erkennen, sollten Sie Ihre Lemminge regelmäßig genauer untersuchen, am besten in Verbindung mit der Käfigreinigung, damit die Lemminge dafür nicht extra eingefangen werden müssen.

Führen Sie dann folgende Untersuchungen an Ihren Lemmingen durch:

- Jeder Lemming **wird gewogen.** Zappelige Lemminge werden dazu einzeln in eine Transportbox gesetzt und mit der Box gewogen. Anschließend wird das Gewicht der Box abgezogen. Es ist ebenso möglich, die ganze Gruppe zu wiegen und dann die Tiere einzeln herauszunehmen, die Gewichtsdifferenz ist dann das Gewicht des entsprechenden Lemmings. Wenn Sie die Lemminge unterscheiden können, sollten Sie das Gewicht der einzelnen Tiere aufschreiben, ansonsten nur darauf achten, ob die Tiere ihr Durchschnittsgewicht haben.
- Schauen Sie **Ohren** und **Augen** gründlich an. Sind Verkrustungen an Ohren oder Augen zu finden, lässt das auf eine Krankheit schließen.
- Die **Schneidezähne** müssen so zueinander stehen, dass sie sich gut abnutzen können. Die Vorderseite der oberen Schneidezähne sollte gelblich sein. Der Lemming sollte kraftvoll zubeißen können.
- Zahme Lemminge können Sie vorsichtig streicheln, um sie dabei ein wenig abzutasten. So können Sie vor allem an den Flanken und am Rücken **Verdickungen und Verletzungen** unter dem Fell gut erkennen.

Zahnkontrolle

Halten Sie dem Lemming ein Leckerchen, z.B. ein Stück Nuss oder eine Erbsenflocke direkt über den Kopf, wenn er auf Augenhöhe auf einer Etage sitzt. Zahme Lemminge recken sich dann mit offenen Mäulchen danach und die Zähne sind recht gut zu sehen. Geben Sie dem Lemming dann das Leckerchen, halten es aber fest. Ein gesunder Lemming wird versuchen, es aus Ihren Fingern zu ziehen. Gibt das Tier schnell auf oder bringt es keine Kraft auf, um das Futter zu bekommen, könnte es schon geschwächt sein.

Die Zähne eines gesunden Lemmings sind gelblich-orange und treffen so aufeinander, dass sie sich gut abnutzen können.

- Wenn möglich, sollten Sie auch das **Fell** einmal gegen den Strich streicheln, um nach kahlen Stellen, Läsionen und anderen Auffälligkeiten zu schauen.
- Schauen Sie den **After** jedes Tieres an: Er sollte sauber sein.
- Zuletzt **riechen** Sie einmal an jedem Tier, keines sollte auffällig oder unangenehm riechen.

Krankheitszeichen und ihre Bedeutung

Grundsätzlich ist bei jedem dieser Krankheitsanzeichen unverzüglich mit dem Lemming ein Tierarzt aufzusuchen!

Symptome	Erkrankung und mögliche Ursache
Gewichtsverlust	Ein Gewichtsverlust von über 5 g in einer Woche weist auf eine Krankheit hin. Deutlich abgemagert ist ein Lemming, wenn die Beckenknochen zu sehen sind. Auch Stress und Mangelerscheinungen können zur Abmagerung führen (siehe Seite 77).
Kahle oder schorfige Stellen im Fell/vermehrtes Kratzen	Kahle und schorfige Stellen weisen auf Pilz- oder Parasitenbefall hin; gesträubtes und ungeputztes Fell auf Stress, Krankheit oder hohes Alter. Struppiges und glanzloses Fell kann ein Anzeichen für Fettmangel sein; stark fettiges und struppiges jedoch für eine zu starke körperliche Beanspruchung. Wunden im Fell können auf massive Auseinandersetzungen in der Gruppe hinweisen.
Verklebte, verschlossene, trübe, graue, verdickte oder anderweitig veränderte Augen	Entsprechend veränderte Augen sind ein Krankheitszeichen. Es kann eine Bindehautentzündung, Verletzung der Augen oder ein Tumor hinter dem Auge vorliegen. Säubern Sie die Augen niemals mit Kamille, diese trocknet die Augen aus und die Schwebstoffe von Kamillenaufgüssen reizen die Augen. Verwenden Sie zum Säubern des Auges eine schwache Kochsalzlösung aus der Apotheke, warmes Wasser oder entsprechende Augentropfen. Benutzen Sie zum Reinigen der Augen nur Kosmetiktücher – keine Watte!
Vorderzähne, zu lang oder abgebrochen	Die Zähne müssen so zueinander stehen, dass sie sich gut abnutzen können. Die Vorderseite der Schneidezähne sollte gelb bis orange sein. Sind die Zähne zu lang, müssen mehr Zweige zum Benagen angeboten werden. Ist ein Zahn abgebrochen, frisst der Lemming aber normal und nutzen sich die Zähne trotzdem gut ab, reguliert sich das von selbst, sonst sofort zum Tierarzt.
Nase, verklebt oder feucht, das Tier niest. Starke Flankenatmung, Aktivitätsverlust	Das sind deutliche Hinweise auf eine Atemwegserkrankung.
Ohren schuppig, verklebt. Kopfschiefhaltung	Verklebte Ohren weisen auf eine Infektion im Innenohr hin, eine stärkere Infektion führt dazu, dass die Tiere ihren Kopf schief halten. Schuppige oder schorfige Ohren können Anzeichen für einen Parasiten- bzw. Pilzbefall sein.
After, schmutzig und verklebt. Köttel weich und matschig	Anzeichen für Darmprobleme. Auch ein starker, strenger Kotgeruch aus dem Gehege weist auf Darmprobleme hin.

Symptome	Erkrankung und mögliche Ursache
Blut im Urin, Schmerzen beim Wasserlassen	Blut im Urin, Schmerzen beim Wasserlassen, angezeigt durch einen krummen Rücken beim Urinieren, ständig feuchter Afterbereich oder stark riechender Urin sind Anzeichen einer Blasen- oder Nierenerkrankung.
Bauch hart, rund, angespannt. Starke Flankenatmung, Inaktivität	Diese Anzeichen weisen auf starke Fehlgärung im Darm hin. Häufig wird diese durch falsches, nasses oder unverträgliches Frischfutter hervorgerufen.
Tumore, Verdickungen unter der Haut, tastbare, feste Veränderungen	Tumore können oft operativ entfernt werden. Mitunter handelt es sich bei Verhärtungen unter der Haut auch um Fettgeschwulste, Abszesse oder andere gut zu behandelnde Entzündungen, Ablagerungen.
Aktivitätsverlust mit Seitenlage und starker Flankenatmung, Futterverweigerung	Das Tier steht nicht mehr auf und geht keinerlei Aktivität nach? Der Lemming hat vermutlich eine schwere Erkrankung oder ist sehr alt (siehe Seite 83). Im Sommer kann so ein Verhalten auch auf einen Hitzeschlag hinweisen, wenn das Gehege nicht ausreichend belüftet ist oder in der Sonne steht und sich aufheizt (siehe Seite 41).

Das macht Lemminge krank

Die nachfolgend aufgeführten Faktoren begünstigen die Entstehung von Krankheiten und müssen deswegen unbedingt vermieden werden:

Stress: Wenn das Lemminggehege an einem unruhigen Ort steht, z.B. direkt an der Zimmertür, in einem lautem Zimmer, neben der Stereoanlage oder dem Fernseher, geraten die Tiere leicht in Stress. Wenn die Gruppenzusammensetzung nicht passt und die Lemminge sich häufig streiten oder einzelne Tiere gemoppt werden, stehen die Tiere natürlich ebenfalls unter Stress. Dann ist es nötig, die Gruppe zu trennen.

Unsauberkeit: In einem zu selten gereinigten oder sogar feuchten Käfig kommt es durch die Feuchtigkeit und Bakterienansammlung eher zu Krankheiten.

Übertriebene Hygiene: Häufige Käfigreinigungen stressen die Lemminge. Wird das Gehege sogar regelmäßig desinfiziert, können die Lemminge kaum noch Abwehrkräfte bilden und ihr Immunsystem erlahmt.

Falsche Gehegeeinrichtung/ falsches Gehege: In Plastikhäusern und -röhren sowie in schlecht belüfteten Terrarien oder zu kleinen Glasbecken herrscht ein warmes, feuchtes Klima, in dem sich Bakterien stark vermehren. Es kommt ebenfalls zu einem sehr schlechtem Luft- und Wärmeaustausch, was auf Dauer die Atemwege reizt und Pilz- und Parasitenbefall begünstigt.

Zugluft: Steht das Gehege direkt am Fenster oder an der Tür und das Gehege im Durchzug, können Lungenerkrankungen die Folge sein.

Trockene Heizungsluft: Trockene und warme Luft reizt die Atemwege. Luftbefeuchter sind sinnvoll.

Schlechte Ernährung: Die Abwehrkräfte der Lemminge werden durch eine einseitige Ernährung geschwächt. Vor allem durch einen Vitamin- und Mineralienmangel, verursacht durch nicht ausreichende Grünfuttergaben.

Häufige Krankheiten

Nachfolgend werden einige Krankheiten vorgestellt, an denen Steppenlemminge häufiger erkranken. Auf Therapievorschläge und Tipps zur Eigenbehandlung mit Naturheilmitteln wird nicht eingegangen, denn: Ein kranker Lemming ist immer **unverzüglich einem Tierarzt vorzustellen**, nur dieser wird eine geeignete Therapie zur Behandlung vorschlagen. Auch Naturheilmittel sollten grundsätzlich erst nach einer professionell erstellten Diagnose und unter Anleitung eines erfahrenen Tierarztes eingesetzt werden.

Parasitenbefall der Haut

Kratzen und putzen sich die Lemminge vermehrt, sind beim Gesundheitscheck **kahle Stellen oder Schuppen** im Fell aufgefallen oder sind die Tiere extrem **nervös und reizbar**, könnte ein Befall mit Parasiten der Grund dafür sein. Es gibt beispielsweise verschiedene Milbenarten, die sich auf und unter der Haut der Lemminge ansiedeln. Diese Parasiten sorgen für Haarausfall und vor allem massiven Juckreiz. Wird der Befall nicht von einem Tierarzt behandelt, kann der Stress durch den Juckreiz zu Problemen im Rudel führen, bei massivem Befall kommt es zu Entzündungen in der Haut und ebenfalls zu massiven Stresssymptomen, was letztlich zum Tod des Tieres führt.

Erkrankungen des Verdauungstraktes

Verdorbenes Futter, feuchtes, stark gespritztes oder giftiges Grünfutter, massiver Stress und Unsauberkeit können bei Steppenlemminge zu **Durchfall** oder **Aufgasungen** führen. Im Darm siedeln sich unterschiedliche Bakterien an, die zu Durchfall führen. Der Kot wird weich oder dünnflüssig und riecht unangenehm. Innerhalb kurzer Zeit verliert ein Lemming mit Durchfall massiv an Gewicht, denn er kann aus der aufgenommenen Nahrung keine Nährstoffe mehr ziehen. Unbehandelt führt Durchfall häufig innerhalb weniger Stunden zum Tod des Tieres. Als erste Maßnahme wird einem an Durchfall erkranktem Tier Flüssigkeit in Form von Wasser, warmem Kamillen- oder Fencheltee eingeflößt. Durch feuchtes Futter oder ungeeignetes Futter können im Darm der Lemminge Aufgasungen entstehen. Diese sind daran zu erkennen, dass der Lemming einen vermehrten Umfang am Bauch aufweist, dieser ist meist hart und das Tier sitzt mit gesträubtem Fell und eher **teilnahmslos** im Gehege. Das erkrankte Tier muss schnell zum Tierarzt.

Zu hohe Blutzuckerwerte

Wenn Lemminge vermehrt Flüssigkeit aufnehmen und extrem viel Urin ausscheiden oder an Gewicht verlieren, kann das ein Hinweis auf zu hohe Blutzuckerwerte sein, in der Folge werden auf Dauer die **Nieren** geschädigt. Auch **beginnende Blindheit** (zu erkennen an getrübten Augen) kann ein Anzeichen für zu hohe Blutzuckerwerte sein. Ein Tierarzt kann mit einem Urinteststreifen feststellen, ob der Lemming erkrankt ist. Die Erkrankung ist nicht behandelbar, es ist aber möglich, sie mit einer streng zuckerarmen Diät einzudämmen.

Mit dem Lemming zum Tierarzt

Schon vor dem ersten Tierarztbesuch sollten Sie sich nach einem geeigneten Tierarzt umsehen, denn nicht alle Tierärzte kennen sich mit diesen kleinen Exoten gut aus. Fragen Sie den ausgesuchten Tierarzt direkt, ob er sich mit Lemmingen auskennt. Wenn Ihr Tierarzt sich Zeit nimmt, Ihre Fragen ernsthaft beantwortet und Sie das Gefühl haben, er hört Ihnen zu und gibt Ihnen Auskunft, dann sind Sie dort richtig.

Ein gesunder und kräftiger Lemming wird sich nach einem Leckerbissen recken und diesen aus der Hand reißen.

Transport zum Tierarzt

Nehmen Sie zur Untersuchung **kein Tier allein** mit, Lemminge fühlen sich sicherer, wenn ein anderes Mitglied des Rudels dabei ist. Transportieren Sie die Tiere nur in dafür geeigneten und tiergerecht eingerichteten **Transportboxen** (siehe Seite 26). Bei Verletzungen oder vor Operationen wird nur Zellstoff in die Box gegeben. Grünfutter, Gemüse und etwas Trockenfutter in der Box sind notwendig, bei längerem Aufenthalt in der Box ist eine Tränke mit Wasser sinnvoll. Ist das erkrankte Tier stark geschwächt, sollten Sie auf eine Seite der Box eine handwarme, in ein Tuch gewickelte Kinderwärmflasche legen, damit das Tier nicht auskühlt. Fahren Sie ohne Umwege in die Tierarztpraxis.

Informationen für den Tierarzt

Verständlicherweise sind Tierhalter sehr nervös, wenn sie mit ihrem kranken Tier zu einem Tierarzt müssen. So kommt es nicht selten vor, dass in der Aufregung vergessen wird, wichtige Beobachtungen zu erwähnen. Deshalb ist es sinnvoll, sich vorzubereiten und einen Zettel mit den wichtigsten Fragen und Infos mit zum Tierarzt zu nehmen. Folgende Informationen sollten aufgeschrieben werden:

- Alter, Geschlecht und Gewicht des Lemmings.

- Vorangegangene Erkrankungen, Erkrankungen in der Gruppe.
- Beobachtungen (Krankheitsanzeichen), die zum Tierarztbesuch führten.
- Medikamente, die das Tier bekommt oder bekommen hat.
- Eigene Medikations- und Heilungsversuche – bitte seien Sie in dem Punkt immer ehrlich!

Diagnose und Behandlung

Nachdem der Lemming untersucht wurde, stellt der Tierarzt eine Diagnose. Damit Sie auch nach dem Tierarztbesuch noch wissen, was der Tierarzt festgestellt hat und Sie ggf. auch einem anderen Tierarzt, der in Notsituationen die Behandlung weiter führt, alle Informationen geben können, sollten Sie wichtige Informationen mitschreiben:

- Fragen Sie den Tierarzt nach der genauen **Diagnose**. Falls Sie den Tierarzt nicht verstanden haben, scheuen Sie sich nicht, noch einmal nachzufragen und sich alles **genau erklären** zu lassen.
- Lassen Sie sich den Namen und die Wirkungsweise des verordneten **Medikamentes** erklären. Wie oft müssen Sie es selbst verabreichen und in welcher Menge?
- Lassen Sie sich genau sagen, **was gespritzt wurde** und wie es wirken soll.
- Fragen Sie nach weiteren **Pflegemaßnahmen,** die Sie selbst vornehmen müssen.
- Erkundigen Sie sich, ob **weitere Tierarztbesuche** nötig sind und wann Sie das nächste Mal in die Praxis kommen müssen.
- Lassen sie sich genau erklären, wann Sie mit einer **Besserung** der Krankheit rechnen können und wie die Krankheit voraussichtlich weiter verlaufen wird.
- Fragen Sie nach, wann die **Ergebnisse** eventuell genommener Proben und Kulturen vorliegen.

Nur wenn Sie selber ganz genau wissen, was Ihr Tier hat, wie es behandelt werden muss und was Sie selber noch tun können, sollten Sie die Praxis verlassen.

Gesund pflegen

Die Behandlung eines kranken Lemmings liegt nicht nur beim Tierarzt. Der Tierarzt stellt die Diagnose und verordnet die Medikamente. Alle weiteren Pflegemaßnahmen liegen dann in den Händen des Halters.

Medikamente verabreichen

In den seltensten Fällen schmeckt einem Lemming eine Tablette, Paste oder Tropfen so gut, dass er das Medikament freiwillig nimmt. Da das Maul eines Lemmings sehr klein ist, ist es auch nicht ratsam, Tropfen direkt ins Mäulchen zu geben – zu leicht verschlucken sich die Lemminge daran.

Tabletten müssen mit einem Mörser fein verrieben werden. **Tropfen**, **Pulver** und **Pasten** können dann sehr gut mit einem Klecks Früchtemus, Magerquark oder mit Saft verabreicht werden. Testen Sie vorab, was der Lemming freiwillig vom Löffelchen schlabbert. Joghurt oder andere Milchprodukte dürfen nicht für die Verabreichung von **Antibiotika** verwendet werden.

Nimmt der erkrankte Lemming nichts freiwillig vom Löffel, müssen Sie das Medikament mit einer feinen **Pipette** direkt in das Mäulchen geben. Dazu müssen Sie den Lemming festhalten: Mit Zeigefinger und Mittelfinger wird der Kopf fixiert, die restlichen Finger und der Daumen umschließen den Lemming. Verabreichen Sie dann vorsichtig das Medikament tropfenweise mit so großem zeitlichen Abstand, dass der Lemming ausreichend Gelegenheit zum Schlucken hat.

Wenn Sie Salben/Tinkturen auftragen müssen, können Sie den Lemming anschließend beschäftigen und mit Futter ablenken, um ein sofortiges Ablecken der Salben/Tinkturen zu verhindern.

Wichtig: Gibt der Tierarzt Ihnen ein Medikament zur oralen Eingabe oder als „Spot on" für mehrere Tage in einer Tube oder in einer Spritze aufgezogen mit nach Hause, dürfen Sie das Medikament auf keinen Fall direkt aus dieser Spritze oder Tube verabreichen! Die richtige Dosierung ist dabei schwierig: Manchmal lässt sich der Stempel einer Spritze nur schwer drücken und aus einer Tube kommt mitunter auch bei heftigem Druck kaum etwas heraus. Wird dann der Spritzenstempel oder die Tube stärker gedrückt, geben diese plötzlich nach – und schon landet das gesamte Medikament im Mäulchen des Tieres und es kommt zu einer massiven Überdosierung. Außerdem kommt es bei einer direkten Verwendung des Medikamentenbehälters leicht zu einer Verunreinigung des Medikaments.

Einzeln verabreichen

Verabreichen Sie Medikamente in der Gruppe grundsätzlich nicht über das Wasser! Lemminge trinken unterschiedlich viel und somit ist eine genaue Dosierung des Medikamentes nicht möglich.

Päppelnahrung

Es kann sinnvoll sein, einem kranken Lemming die Nahrung als **Brei** anzubieten, damit er sein Futter leichter aufnehmen kann. Bei Zahnfehlstellungen oder Zahnproblemen ist es ebenso hilfreich, wenn das Futter

Manche Lemminge schlecken die Päppelnahrung freiwillig vom Löffel.

zerkleinert (geraspeltes Gemüse) oder als Brei angeboten wird. Als Päppelnahrung sind vor allem Breie aus Getreideflocken (Schmelzflocken) vermischt mit verschiedenen Babybreien geeignet. Vollkornbrei, Karottenbrei oder andere Gemüse- und Getreidebreie aus dem Glas für Babys bis vier Monate können verwendet werden. Der Brei kann mit verschiedenen Kräutertees angerührt werden. Zerkleinertes Grünfutter sollte ebenfalls angeboten werden, wenn möglich püriert.

Werden die Breie nicht angenommen oder ist das Tier schon sehr mager, können Sie **gemahlene Nüsse** (Haselnüsse, Erdnüsse – keine Mandeln!) untermischen, diese bieten ungesättigte Fettsäuren und geben Energie. Zur Abwechslung können Sie einmal einen halben Teelöffel Quark mit Haferflocken oder etwas Naturjoghurt anbieten. Beim Tierarzt bekommen Sie verschiedene Aufbaunahrungsmittel, die ebenfalls zum Päppeln verabreicht werden können.

Sollte der Lemming nicht mehr selbstständig trinken, ist es wichtig, ihm **Wasser oder Kamillentee** mehrmals am Tag vorsichtig mit einer

Auf die Zähne achten

Wenn der Lemming nur Brei frisst, nutzen sich die Schneidezähne nicht mehr richtig ab. Kontrollieren Sie täglich die Schneidezähne und lassen Sie diese vom Tierarzt kürzen, falls sie zu lang werden!

Ein gesunder Lemming erkundet seine Umwelt aktiv und neugierig.

Pipette einzuflößen. Der Lemming ist dabei möglichst in einer natürlichen Lage zu halten: Er darf nicht zu senkrecht gehalten werden und es darf niemals zu viel Flüssigkeit oder Päppelbrei ins Mäulchen gegeben werden. Machen Sie nach jedem Schluck eine Pause, damit das Tier atmen kann! Wird zu schnell gepäppelt, das Tier falsch gehalten oder werden keine Pausen eingehalten, kann Futter in die Lungen kommen, was zu Atemnot führt – und damit nicht selten zum Tod des Tieres.

Haltung erkrankter Tiere

Es ist schwer, einen Lemming, der von der Gruppe getrennt war, wieder in die Gruppe zu integrieren. Durch die **Einzelhaltung** geraten Lemminge außerdem meist sehr in **Stress**, was die Heilung nicht fördert. Ist die vom Tierarzt diagnostizierte Krankheit nicht ansteckend, darf der Lemming in seiner Gruppe bleiben, vorausgesetzt, er kann dort gepflegt werden und die Artgenossen verstoßen das kranke Tier nicht. Mitunter ist es auch sinnvoll, den kranken Lemming mit einem im Rang niedriger stehenden Artgenossen aus der Gruppe zu nehmen und zu separieren.

Nur bei **extrem ansteckenden Krankheiten** muss der erkrankte Lemming einzeln untergebracht werden. Dann ist es besonders wichtig, auf eine ausreichende Wärmezufuhr zu achten. Eine handwarme Kinderwärmflasche, eingewickelt in einem Tuch, kann auf eine Seite des Geheges gelegt werden (regelmäßig muss warmes Wasser nachgefüllt werden). Ebenso können Heizspiralen für Trinkflaschen (gibt es im Zoofachhandel) unter eine Seite des Geheges verlegt werden. Auf eine ausreichende Flüssigkeitszufuhr ist bei Wärme von außen immer zu achten und es muss Flüssigkeit eingeflößt werden, wenn der Lemming nicht selbst trinkt.

Der alte Lemming

Lemminge haben leider keine sehr hohe Lebenserwartung. Schon mit 1,5 Jahren ist ein Steppenlemming als alt anzusehen. Wenn ihm das Fell ausgeht, er langsamer und hochbeiniger läuft, stark Gewicht verliert oder vermehrt schläft, kann das auf ein hohes Alter hinweisen, sofern vom Tierarzt keine Erkrankung festgestellt wird. Sorgen Sie dann dafür, dass der alte Lemming **keine langen Wege** mehr zum Futternapf zurücklegen muss, tauschen Sie **steile Rampen** gegen flachere aus und richten Sie das Gehege **altersgerecht** ein.

Abschied nehmen

Wenn der alte Lemming aufhört, selbstständig zu fressen und nicht mehr am Gruppenleben teilnimmt, sollten Sie ihn dem Tierarzt vorstellen. Dieser wird entscheiden, ob eine Krankheit vorliegt und der Lemming behandelt werden kann. Viele Symptome, die auf hohes Alter hinweisen, können natürlich auch Anzeichen einer behandelbaren Krankheit sein. Wenn es sich aber ganz klar um eine Alterserscheinung handelt und der Lemming ohne Behandlung qualvoll und vielleicht sogar langsam sterben würde, dann ist es die Pflicht eines jeden Halters, dem Tier weiteres Leiden zu ersparen. Das Einschläfern ist dann der letzte Freundschaftsdienst, den wir unserem Hausgenossen erweisen können.

Nachwuchs

Kleine Wesen mit viel zu großen Füßen, auf denen sie noch etwas ungeschickt umhertapsen und neugierig blickende Knopfaugen: Wohl jeder Halter hegt irgendwann den Wunsch, einmal die Geburt und Aufzucht kleiner Lemminge mitzuerleben und Lemmingkinder dabei zu beobachten, wie sie ihre Welt erkunden.

Nur einmal Babys?

Wer nur einmal Lemminge bei der Jungenaufzucht beobachten möchte, wird natürlich nicht dauerhaft ein Paar zusammen halten. Lemminge sind sehr fruchtbar und ein Paar kann in einem Jahr weit mehr als 60 Junge aufziehen.

Was wird aus den Eltern?

Wer eine Weibchengruppe hält, wird dann eines seiner **Weibchen** aus der gewohnten Gruppe nehmen, um es zum Decken mit dem Männchen zu vergesellschaften. Allerdings dürfte das Weibchen dann nicht dauerhaft mit dem Lemmingmann zusammen leben, denn schon kurz nach der Geburt ist das Weibchen wieder empfängnisbereit und kann erneut gedeckt werden. Manche Weibchen akzeptieren ihre reine Weibchengruppe allerdings nicht mehr als Gesellschaft, wenn sie erst einmal mit einem Männchen zusammen lebten. Es müsste also dann eine Tochter aus ihrem Wurf als Gesellschaft behalten und ein zweites Gehege zur Unterbringung angeschafft werden. Auch das Männchen wird in den meisten Fällen andere erwachsene Geschlechtsgenossen nicht mehr als Gesellschaft akzeptieren. Aber wohin dann mit dem einzelnen **Männchen**? Kein Lemming sollte allein leben müssen, also muss auch er einen seiner Söhne als Mitbewohner bekommen – und schon wird noch ein Gehege benötigt. Es muss also schon vor der Familienplanung gut überlegt werden, was mit den Eltern nach der Jungenaufzucht geschehen soll.

Nach Geschlechtern trennen

Wenn die Jungen dann geboren sind, bleiben gerade einmal vier Wochen, um die Jungenaufzucht zu beobachten. Danach geht der Nachwuchs häufig schon eigene Wege und nicht selten werden die jungen Männchen dann nicht mehr im Rudel geduldet. Mit etwa **vier Wochen** müssen die Kleinen nach Geschlechtern getrennt werden, damit nicht etwa ein frühreifes Männchen seine Schwestern deckt. Es ist also notwendig, ein weites Gehege für die jungen Männchen bereit zu stellen, mitunter wird sogar ein weiteres Gehege für die jungen Weibchen benötigt. Nicht jeder Halter kann dauerhaft so viele Lemminggruppen halten und nicht immer findet sich gleich ein neues Zuhause für den Nachwuchs. Es

Liebevoll kümmert sich die Lemmingmutter um ihren Nachwuchs.

sollte also gut überlegt werden, ob wirklich soviel Platz und Geld für weitere Lemminggruppen vorhanden ist.

Ein Risiko bleibt

Es sollte auch nicht vergessen werden, dass Trächtigkeit und Geburt viele Risiken für die Lemminge bergen. Es kann zu **Komplikationen** während und nach der **Trächtigkeit** kommen: **Fehlgeburten** und **Krankheiten** können hohe Tierarztkosten verursachen und sind für Tier und Halter anstrengend. Es muss auch beachtet werden, dass nicht alle Lemminge verpaart werden können. Häufig werden in Zoofachgeschäften nur Geschwistertiere angeboten, da käme es beim Erwerb eines Paares zu Inzucht. Natürlich kann diese Inzucht bei Lemmingen zu Problemen durch die Potenzierung von Krankheiten führen. Wenn beide Tiere vielleicht von ihren Eltern schon eine Krankheit geerbt haben, wird sie dann bei den Jungtieren mit Sicherheit auch zutage treten.

Lemmingzucht

Wer mit einer professionellen Lemmingzucht beginnen möchte, sollte sich vorab erst einmal längere Zeit intensiv mit der Lemminghaltung befassen. Nur wer die Lemminge und ihr Verhalten gut kennt, kann Probleme und Krankheiten bei seinen Zuchttieren rechtzeitig erkennen und entsprechend handeln. Es ist ebenfalls sinnvoll, sich mit anderen Lemmingzüchtern auszutauschen und bereits vorhandene Zuchten anzuschauen. Natürlich muss sich der angehende Züchter darüber informieren, wie die zu erwartenden Jungtiere in gute Hände vermittelt werden können. Erst wenn ein **umfassendes Wissen** über die Haltung,

Eine so innige Lemmingpartnerschaft bleibt nicht ohne Folgen.

Zucht und Abgabemöglichkeiten vorhanden ist, kann mit einer verantwortungsvollen Lemmingzucht begonnen werden.

Voraussetzungen

Für eine erfolgreiche Lemmingzucht wird **viel Platz** benötigt. Es müssen mehrere Aufzuchtgehege, Jungtiergehege und Rentnergehege bereitgestellt werden. Das Reinigen und Beobachten der Tiere nimmt viel Zeit in Anspruch – diese Zeit muss dauerhaft eingeplant werden. Eine wichtige Voraussetzung für das Verpaaren von Lemmingen ist, dass beide **Elterntiere gesund und kräftig** sind und **keine Krankheiten vererben**. Um Inzucht zu vermeiden, sollten beim Aufbau einer neuen Zucht erst einmal nur Lemminge aus **verschiedenen Familien** (Zuchtlinien) miteinander verpaart werden. Da es bei Lemmingen bisher zu keinen gezüchteten Farbmutationen kommt, ist eine Rassezucht noch nicht möglich. Grundsätzlich werden nur gut sozialisierte und völlig gesunde Lemminge verpaart. Aggressive Lemminge, die vielleicht sogar ihre Jungtiere angreifen, müssen aus der Zucht genommen werden, ebenso wie ihre Nachkommen. Wenn beim ersten Wurf kranke, schwache oder auffällig kleine Würfe auftreten, sollte mit den Elterntieren und ihren Nachkömmlingen ebenfalls nicht weiter gezüchtet werden.

Paarung

Wild lebende graue Steppenlemminge ziehen nur während der wärmeren Monate von April bis Oktober Nachwuchs groß, selten im Winter. Wenn die Lichtphasen kürzer werden und das Futterangebot schlechter wird, pflanzen sich Lemminge in freier Wildbahn seltener oder gar nicht mehr fort. In der Heimtierhaltung jedoch finden die Lemminge das ganze Jahr über optimale Bedingungen vor, es ist genug Futter vorhanden und die Weibchen sind das ganze Jahr über etwa alle vier Tage aufnahmebereit. Lemmingweibchen sind **mit etwa drei Monaten zuchtreif**, erst dann sollten sie mit einem männlichen Partner vergesellschaftet werden. Ist das Weibchen hitzig, zeigt sie es dem Bock deutlich mit Duftsignalen und speziellen Bewegungsabläufen. Das Männchen bedrängt und verfolgt daraufhin das Weibchen. Dabei wird es mitunter sehr laut im Gehege, denn die Paarungsrituale der Lemminge werden von lautem Quietschen begleitet. Das paarungsbereite Weibchen hebt ihr Schwänzchen, für das Männchen ist es das Zeichen, dass er sie decken darf. Er wird dann von hinten aufsteigen. Die Lemminge paaren sich dann mehrmals innerhalb kurzer Zeit. Dann gibt es kein Zurück mehr – die Lemmingbabys sind unterwegs.

Der paarungsbereite Bock läuft dem laut quietschenden Weibchen hinterher, bis sie stehen bleibt und sich begatten lässt.

Tragzeit und Geburt

Die **Trächtigkeit** eines Lemmingweibchens ist häufig an ihrem veränderten Verhalten zu erkennen. Sie reagiert gereizter auf Störungen und wird etwas aggressiver. Bei größeren

Würfen ist die Trächtigkeit in der letzten Woche vor der Geburt an der Zunahme des Körperumfanges festzustellen. Das Weibchen verbringt nun mehr Zeit damit, tief unter der Streu oder auch in einem geschützten Haus ein geräumiges Wurfnest zu bauen. Die Tragzeit beträgt etwa 20 Tage; säugt das Muttertier während der Tragzeit, kann sich die Tragzeit etwas verlängern. Lemmingweibchen haben einen erhöhten Eiweiß- und Mineralbedarf, geben Sie deshalb eine abwechslungsreiche Kost. Verfüttern Sie etwas mehr Trockenfutter, viel hochwertiges Grünfutter und zusätzlich Magerquark oder Mehlwürmer.

Kurz vor der **Geburt** vertreiben manche Lemmingweibchen die anderen Familienmitglieder aus dem Nest. Das Männchen baut sich dann vorübergehend ein Notnest. Manche Männchen bleiben aber auch beim Weibchen und helfen bei der Geburt und der Jungenaufzucht. Die Geburt findet häufig in den frühen Morgen- oder späten Abendstunden statt. Innerhalb weniger Minuten kommen die Jungen nacheinander zur Welt.

Die Mutter nimmt jedes **Baby** in Empfang und nabelt es ab. Danach befreit sie es von der Eihaut, welche sie auffrisst. Sie leckt das Junge sauber und trocken, dadurch stellen Mutter und Kind eine intensive Bindung her. Anschließend frisst sie die Nachgeburt, dadurch hält sie das Nest sauber und nimmt wichtige Nährstoffe auf. Danach bringt sie das

Nur einen kurzen Blick in das Nest mit den nackten Neugeborenen darf der Halter sich erlauben.

nächste Junge zur Welt. Die Jungen werden dann von ihr im Nest gewärmt und gesäugt. Normalerweise werden zwischen zwei und acht Jungen geboren, nur selten sind es mehr oder weniger.

Stress vermeiden

Stören Sie die junge Mutter nicht, indem sie in das Gehege greifen oder gar das Nest öffnen. Wurde das Nest in einem Haus mit Deckel angelegt, darf nur einmal kurz in das Nest geschaut werden, um **zu prüfen**, ob keine toten Jungen darin sind, die entfernt werden müssen. Wenn das Nest allerdings unter einer dicken Einstreuschicht liegt, darf es auf keinen Fall ausgegraben werden.

Manche Lemmingweibchen reagieren schon sehr gestresst, wenn der Halter nur in das Gehege greift. In diesem Fall sollten Sie in den ersten Tagen nach der Geburt die **täglichen Pflegemaßnahmen** auf das **Auswechseln des Wassers** und die Fütterung beschränken. Das Gehege darf ebenfalls erst wieder komplett gereinigt, nachdem die Jungen das Nest selbstständig verlassen. Nur die Toilettenecken sollten trotzdem regelmäßig gesäubert werden. Das Nest sowie der Rest vom Gehege werden erst wieder komplett gereinigt, wenn die Jungen etwa vier Wochen alt sind.

Lemminge, die bei der Jungenaufzucht gestört werden, reagieren oft sehr **aggressiv** und beißen oder fressen sogar ihre Jungen. Ebenso kann es dazu kommen, dass die Jungen gefressen werden, wenn die Mutter unter Mangelerscheinungen leidet, der Wurf zu groß oder das Gehege zu klein ist, das Weibchen sich durch andere Tiere gestört fühlt, die Mutter sehr unerfahren, zu jung oder zu schwach ist.

Bei der Jungenaufzucht müssen solche Wassernäpfe aus dem Gehege genommen werden – die unbeholfenen Jungtiere können darin ertrinken!

Kleine Lemminge erobern die Welt

Lemmingjunge sind Nesthocker. Bei der Geburt wiegen sie nur etwa ein Gramm. Sie kommen nackt, taub und blind zur Welt und sind in den ersten Wochen nach ihrer Geburt völlig auf die Zuwendung und Pflege ihrer Mutter angewiesen. Ihre Nase ist schon so weit entwickelt, dass sie die Zitzen der Mutter finden. Ihr Orientierungssinn beschränkt sich darauf, dass sie instinktiv versuchen, sich an ihre Geschwister und die Mutter zu kuscheln, um nicht auszukühlen. Die Mutter säugt die Jungtiere und stimuliert durch kräftiges Lecken des Bauchs und der Analregion den Kot- und Harnabsatz. Die Ausscheidungen der Jungtiere werden von der Mutter gefressen, um das Nest sauber zu halten. In dieser Zeit wird der Halter leider meist nicht viel von seinen Lemmingjungen haben. Die Babys verbringen die ersten zwei Wochen komplett im Nest und sind nicht zu sehen. Nur die Mutter kann täglich bei der Futtersuche beobachtet werden.

Lemming-Kinderstube

Die Entwicklung vom kleinen nackten Würmchen zum fertigen Lemming geht sehr schnell. Ab dem **zweiten Lebenstag** wird eine leichte Pigmentierung der Haut sichtbar, der typische Aalstrich auf dem Rücken ist zu sehen.

- Schon **einen Tag später** wird die erste leichte Behaarung sichtbar.
- Nach sechs Tagen sind die Ohrmuscheln deutlicher zu erkennen und das Fell wird langsam dichter.
- Mit **zehn bis dreizehn Tagen** öffnen die Jungen ihre Augen, sie putzen sich nun selbstständig und auch Kot- und Harnabsatz funktionieren ohne die Mutter. Die Jungen machen nun auch selbstständige Ausflüge in die Umgebung und spielen mit ihren Geschwistern. Sie beginnen, feste Nahrung aufzunehmen, welche

Schon mit drei Wochen ist das Lemmingjunge kaum noch von seinen Eltern zu unterscheiden.

von der Mutter in das Nest gebracht wird, und probieren bei ihren Streifzügen durch die nähere Nestumgebung dort verstreutes Futter. Jetzt erst sind die Jungen für den Halter zu sehen und können bei ihren tollpatschigen Kletter- und Buddelversuchen beobachtet werden.

→ Schon **nach drei Wochen** sind die Jungen völlig selbstständig und werden nun auch nicht mehr von der Mutter gesäugt. Allerdings brauchen sie ihre Mutter noch, um das lemmingtypische Sozialverhalten von ihr zu lernen. Je länger die Jungen bei der Mutter oder den Eltern bleiben können, umso gefestigter sind sie selbst im Sozialverhalten. Jungtiere, die dann schon völlig von erwachsenen Lemmingen getrennt leben müssen, werden nicht selten unsozial.

→ Ab **Ende der vierten Lebenswoche** werden die jungen Lemminge nach Geschlechtern getrennt. Obwohl die jungen Männchen normalerweise noch nicht deckfähig sind, ist diese Trennung sinnvoll, um ganz sicher zu gehen, dass nicht doch ein frühreifes Männchen die Mutter oder seine Schwestern deckt. Wenn die Eltern gut sozialisiert sind, können die Weibchen bei der Mutter und die Jungen beim Vater wohnen. Lemmingzüchter, welche die Paare durchgehend zusammen halten, lassen die Jungen bis zum Ende der siebten Woche bei den Eltern. Bei wildlebenden Steppenlemmingen pflanzen sich nur Alphatiere im Nest fort, ab einer gewissen Besatzdichte hören Lemminge ganz auf sich zu vermehren, Eltern paaren sich nicht mit ihren eigenen Jungen und Geschwister sich nicht untereinander. Allerdings trifft das in der Heimtierhaltung nur noch auf wenige Zuchtstämme wirklich zu, die gut sozialisiert wurden und durchgehend in Händen von Experten waren. Längst halten sich nicht mehr alle Steppenlemminge an diese Vorgehensweise und deshalb ist es leider notwendig, die Jungen rechtzeitig zu trennen.

Vier Wochen alte Lemminge sind schon ganz selbstständig und fressen das gleiche Futter wie ihre Eltern.

Verzeichnisse

Adressen

Nager Info
Mail: info@nager-info.de
www.nager-info.de

Bundesarbeitsgruppe Kleinsäuger e. V.
im Schulzoo-Leipzig e. V.
Binzer Straße 14
04207 Leipzig
Tel/Fax. 0 341 9403777
Mail: bag@schulzoo.de
www.bag-kleinsaeuger.de

Tierärztliche Vereinigung für Tierschutz e. V. (TVT)
Bramscher Alle 5
49565 Bramsche
www.tierschutz-tvt.de

Internet

www.nager-info.de
Ausführliche Informationen über Steppenlemminge und andere Kleintiere

www.rodent-info.net
Ausführliche Informationen rund um exotische Kleinsäuger

www.hamsterforschung.de/lemmingfutter.htm
Expedition Lemmingfutter, kurze Info zur Lemmingernährung

www.rodipet.de/steppenlemming_laufrad.htm
Informationen zur Lemminghaltung

www.lemming-welt.de
Private Lemmingseite

www.vetpharm.uzh.ch/perldocs/index_x.htm
Giftpflanzeninfo der Universität Zürich

www.tierschutzvereine.de
Verzeichnis von Tierschutzvereinen und -heimen

Literatur

Curry-Lindahl, K.: Der Berglemming; Die neue Brehm- Bücherei; 1980
Ehrlich, C.: Kleinsäuger im Terrarium; Biologie, Haltung, Zucht; Natur und Tier-Verlag; 2003
Habermehl G.: Mitteleuropäische Giftpflanzen und ihre Wirkstoffe; Springer-Verlag, Berlin 1985
Kremer, P.: Steinbachs großer Pflanzenführer; Eugen Ulmer Verlag 2005
Rodentia: Kleinsäuger- Fachmagazin; Natur und Tier-Verlag
Sistermann, R.: Steppenlemminge und andere Wühlmäuse; Natur und Tier-Verlag; 2006

Bildquellen

Alle Fotos bis auf die folgenden stammen von Regina Kuhn.
C. Wilde: S. 40, 55, 64, 67 u., 69.
G. Leithold: S. 13.
Titelfoto: Regina Kuhn.
Alle Zeichnungen fertigte Sandra Menke, Osnabrück (www.illu-station.de).

Dank

Ich bedanke mich bei Georg Leithold, der mir von seinen Forschungsreisen in die Mongolei viele wertvolle neue Informationen über den Lebensraum und die Lebensweise wilder Steppenlemminge mitbrachte und über seinen Internetshop Rodipet Einrichtungsgegenstände für unsere Fotolemminge bereitstellte. Heike Schmidt-Röger danke ich besonders für ihr Vertrauen, die tolle Zusammenarbeit und ihre Hilfe bei allen Fragen. Frau Dipl. Agr. Biol. Antje Springorum danke ich für die freundliche Zusammenarbeit und ihre Geduld. Frau Dr. Kneissler danke ich für ihr Vertrauen und die Chance, das Buch zu schreiben. Für die tollen Illustrationen bedanke ich mich besonders bei Sandra Menke und für die schönen Fotos bei Regina Kuhn. Meinem Ehemann danke ich dafür, dass er die Anwesenheit vieler Kleintiere so gelassen hinnimmt und so wundervolle Gehege für sie baut und mich bei meiner Arbeit unterstützt. Meinen Lemmingdamen Ruby, Ada, Perl und Lisp danke ich für immer neue Anregungen und viele schöne Stunden, in denen ich sie beobachten durfte.

Christine Wilde

Die Fotografin, die Autorin und der Verlag danken für die freundliche Unterstützung der Fotoaufnahmen der Firma Rodipet, Düsseldorf, Alex Schoppe, Bad Heiligenstadt, Candy Bartl, Leipzig, Sally Matern, Hochdorf, und Rebekka Lehmann, Herleshausen.

Stichwortregister

Haftungsausschluss: Die Autorin und der Verlag haben sich um richtige und zuverlässige Angaben bemüht. Fehler können jedoch nicht vollständig ausgeschlossen werden. Eine Garantie für die Richtigkeit der Angaben kann daher nicht gegeben werden. Eine Haftung für Schäden und Unfälle wird aus keinem Rechtsgrund übernommen.

Hinweis: Die Autorin und der Verlag sind nicht verantwortlich für die Inhalte von im Buch genannten Websites und Links.

Bibliografische Information der Deutschen Nationalbibliothek
Die Deutsche Nationalbibliothek verzeichnet diese Publikation in der Deutschen Nationalbibliografie; detaillierte bibliografische Daten sind im Internet über *http://dnb.d-nb.de* abrufbar.

Wollgrasweg 41, 70599 Stuttgart (Hohenheim)
E-Mail: info@ulmer.de
Internet: www.ulmer.de
Lektorat: Heike Schmidt-Röger, Antje Springorum
Herstellung: Gabriele Wieczorek
Satz: BUCHFLINK Rüdiger Wagner, Nördlingen
Umschlagentwurf: Atelier Reichert, Stuttgart
Reproduktion: Medienfabrik, Stuttgart
Druck und Bindung: Firmengruppe APPL, aprinta Druck, Wemding
Printed in Germany

ISBN 978-3-8001-5664-1